Guía para el docente y solucionarios

Administración de servicios de internet

ic editorial

Editado por: IC Editorial
c/ Cueva de Viera, 2, Local 3
Centro Negocios CADI
29200 Antequera (Málaga)
Teléfono: 952 70 60 04
Fax: 952 84 55 03
Correo electrónico: iceditorial@iceditorial.com
Internet: www.iceditorial.com

Guía para el docente y solucionarios:
Administración de servicios de internet

1ª Edición

ISBN: 979-13-7027-091-9
Depósito Legal: MA 1973-2025

Impresión: PODiPrint
Impreso en Andalucía - España

Índice

Guía para el docente: técnicas de enseñanza y aprendizaje

Contenido

1. Introducción

El presente capítulo está destinado a ofrecer al cuerpo docente responsable de la enseñanza del programa de cualificaciones profesionales y certificados de profesionalidad, una guía metodológica para obtener el máximo rendimiento de los contenidos formativos que han sido desarrollados para el presente título.

La mejora de las habilidades comunicativas y la aplicación de una metodología contrastada de enseñanza, aprendizaje y evaluación permitirá transmitir el conocimiento y adquirir el programa formativo de la forma más efectiva y práctica posible.

Estudiaremos cuáles son los principales elementos que forman parte de la comunicación profesor-alumno, a través de una cuidada selección de sistemas de planificación de estrategias didácticas, así como la utilización de medios y recursos didácticos.

La integración de todas las actividades planificadas alrededor de un plan de formación adaptado e individualizado, aumentará además la satisfacción del alumnado por la utilización de un sistema no lineal e interactivo que se retroalimenta gracias a la relación establecida entre la propia metodología y los actores que forman parte de la enseñanza.

2. El programa de formación

Una de las claves del éxito de la mayoría de las actividades que se realizan en general, y concretamente en la formación, es la **programación.** Es necesaria la programación de las acciones formativas, para que así se pueda alcanzar el objetivo final, es decir, que el alumno obtenga una buena capacitación y adquiera nuevos conocimientos en su repertorio y que, después, sea capaz de emplearlos en su trabajo.

2.1. Definición de programación

Cuando se habla de **programación,** se pueden encontrar multitud de defini-
ciones. Para sintetizar, se podría definir como la actividad de enunciar lo que
se quiere hacer (objetivos, contenidos, métodos, temporalización, medios y
recursos didácticos y evaluación).

 Definición

Programación
Es un plan donde se establecen las acciones que se van a realizar en un proceso de
enseñanza-aprendizaje, por medio de un formador o un equipo.

A continuación, se va a describir una serie de características que tiene que
tener una programación didáctica:

- Dinámica. Una programación no es estática ni está acabada, siempre
  está en constante revisión, de ahí su dinamismo. Además va cambiando
  o evolucionando según los resultados de la evaluación continua que se
  va realizando durante la ejecución de la acción.
- Flexible. Esta característica permite que se puedan hacer cambios, ampliaciones, reducciones y actualizaciones de los contenidos y actividades programadas, según las necesidades que se observen.
- Creativa. La programación como es un diseño propio y exclusivo, exige
  creatividad y originalidad. El docente es el que decide sobre el quehacer
  en el aula teniendo en cuenta las características del grupo, las necesidades que se pretenden satisfacer y las propias posibilidades.
- Prospectiva. La programación consiste en hacer un pronóstico de la interacción que se va a producir en el aula.

- **Sistemática.** La programación es un proceso sistematizador que da coherencia a la acción formativa, ya que tiene en cuenta todos los elementos (objetivos, contenidos, métodos, temporalización, medios y recursos pedagógicos y evaluación) que intervienen en el acto educativo y analiza sus relaciones.
- **Integradora.** Permite integrar elementos de cualificación técnico-profesionales con elementos de cualificación personal de alumnado.
- **Funcional.** Toda programación debe basarse en el perfil profesional de la ocupación y estructurar los contenidos formativos que proporcionan las competencias de ésta.

2.2. Elementos de la programación

Antes de empezar cualquier programación formativa, es necesario tener en cuenta los datos obtenidos del análisis de la ocupación y del grupo al que se dirige la acción formativa. A partir de esta información, se determinan los elementos que van a conformar la programación.

Cuando se realiza la programación de un curso, hay que plantearse previamente las siguientes preguntas:

1. ¿Qué quiero conseguir con la formación?	**OBJETIVOS**
2. ¿Qué conocimientos deben asimilar los alumnos para alcanzar los objetivos propuestos?	**CONTENIDOS DEL CURSO**
3. ¿Cómo trabajamos en el aula? ¿Qué actividades son las que realizamos?	**MÉTODOS DE ENSEÑANZA**
4. ¿Cuánto tiempo tengo y cuánto dedico a cada módulo?	**TEMPORALIZACIÓN**
5. ¿Qué medios y recursos didácticos se necesitan para poder llevar a cabo esas actividades?	**MEDIOS Y RECURSOS DIDÁCTICOS**
6. ¿Cómo sabemos que se ha producido el aprendizaje?	**EVALUACIÓN**

3. Factores determinantes de la efectividad de la comunicación en el proceso de enseñanza-aprendizaje

En toda comunicación que se produzca en el proceso de enseñanza-aprendizaje, existen factores determinantes que obstaculizan o refuerzan este proceso.

3.1. Obstáculos de la comunicación

Relacionados con el emisor

- No expresar de forma clara qué mensaje se quiere transmitir.
- Comentar algo a lo largo de la explicación que no sea lo correcto y pueda resultar desagradable.
- Cambiar el tema de conversación.
- Desviarse del tema que se está tratando.
- No mirar al receptor cuando se quiere expresar algo.
- No estar atento a las señales que emite el receptor.
- Expresar alguna idea a través de los gestos que no se corresponda con la idea a comunicar.

Relacionados con el receptor

- No comprender las ideas que quiere expresar el emisor.
- No pedir explicación al emisor de aquella información que no le haya quedado clara.
- Interrumpir al emisor cuando está hablando.
- Captar algo diferente a lo que el emisor desea transmitir.

Relacionados con el mensaje

- Mensaje confuso.
- Mensaje muy corto.
- Mensaje muy extenso.
- Abuso de muletillas.
- Utilización de frases sin terminar.
- Dar "rodeos" para decir la idea principal.

Relacionados con el contexto

- No ser el momento adecuado para transmitir algo.
- No saber escoger el lugar oportuno.
- La presencia de ruidos y de interferencias.
- No pensar en las personas que están cerca.

Relacionados con el código

- No utilizar el mismo código que la persona con la que se habla o a la que se escucha.
- No adaptar el vocabulario a la situación o a la persona con la que se conversa.
- Utilizar el doble sentido.

3.2. Sugerencias para el mejor funcionamiento de la comunicación

Emisor

- Acostumbrarse a planificar la comunicación.
- Concretar visiblemente los objetivos.
- Buscar la retroalimentación en la comunicación.
- No tratar de impresionar al receptor.

Mensaje

- Que sea claramente entendido por el receptor.
- Que la terminología usada sea de referencia común.
- Que reclame la atención y el interés del alumnado.
- Que sea sencillo de interpretar.
- Que su contenido sea adecuado y convincente.
- Que produzca el máximo efecto posible.

Canal

- Que sea el más apropiado al grupo al que se dirige, al contenido del mensaje y al objetivo que persigue el formador.
- Que sea el que cause mayor impacto en el receptor.
- Que sea el más eficaz.
- Que sea el que mejor domine el formador.

4. La comunicación verbal y no verbal en el proceso instructivo

Los medios de comunicación pueden agruparse en dos grandes bloques: los **medios verbales,** que son aquellos que usan la lengua como código compartido; y los **medios no verbales,** que son los que se fundamentan en otros códigos simbólicos. A su vez, dentro de los medios verbales, están el medio escrito y el medio oral.

Cada uno de estos medios tiene sus ventajas y sus inconvenientes, por lo que la selección del medio deberá tener en cuenta las circunstancias y características que en cada caso presenta el comunicador, la audiencia y el mensaje que se ha de transmitir.

4.1. Los medios verbales

La comunicación verbal

La comunicación verbal se utiliza para comunicar ideas o dar información, opiniones, expresar o describir sentimientos, etc. Sirve de vehículo a los contenidos explícitos del mensaje. Para garantizar la efectividad de la comunicación, es necesario que el mensaje se presente de forma descriptiva y operativa, pero siempre teniendo muy en cuenta el código común del grupo al que va dirigida esta comunicación.

Un uso correcto del lenguaje oral ayuda a acercarse más a los alumnos. Los principales aspectos a considerar son los que aparecen a continuación.

Construcciones gramaticales

El objetivo será transmitir el mensaje de la manera más clara posible. Se deben evitar los giros rebuscados, la sintaxis complicada y las metáforas. En las explicaciones y conversaciones debe primar el contenido sobre la forma.

Vocabulario

Es importante saber qué palabras van a expresar mejor los conceptos que se desean transmitir y las que pueden ser comprendidas mejor por los alumnos. El análisis previo de los alumnos ayuda a saber qué términos técnicos se pueden utilizar sin problemas, cuáles se tienen que explicar y cuáles se deben evitar.

En general, siempre hay que mantenerse dentro de un lenguaje formal, evitando los vocablos demasiado coloquiales, las palabras extranjeras, las referencias académicas y expresiones de carácter religioso, político, deportivo o cultural, que pueden resultar agresivas para los alumnos.

Ejemplos

Los conceptos abstractos que pueden aparecer y que dificultan la adquisición de los contenidos, tienen que ser expresados mediante las explicaciones del formador, siempre apoyándose en la visualización.

La comunicación escrita

La comunicación escrita posee un carácter más veraz que la oral. La interacción que tiene lugar entre el emisor y el receptor no es inmediata, en algunas ocasiones no llega a producirse jamás. Este tipo de comunicación ofrece más oportunidades expresivas y mayor complejidad gramatical, sintáctica y léxica. También hay que tener en cuenta que a veces dificulta la expresión y/o puede no proporcionar *feedback* de manera inmediata.

4.2. Los medios no verbales

Al igual que las palabras, los elementos de la comunicación no verbal son signos que representan una idea (se excluyen todos los signos lingüísticos).

A diferencia de la comunicación verbal, su función no se centra sólo en la transmisión de contenido, sino que traspasa esa frontera para expresar también las emociones del emisor, controlar la interacción y proporcionar *feedback* del efecto que el mensaje produce en el receptor. Todas estas funciones son muy útiles para el formador, tanto en su tarea de transmisor de conocimientos como en la tarea de motivar y dirigir al grupo.

A continuación, se detallan las diferentes categorías en las que se agrupan los elementos de la comunicación no verbal.

Kinesia

Posturas

Una de las primeras cosas que el formador debe transmitir a sus alumnos es confianza y seguridad, lo que puede conseguirse a través de una postura erguida (sin llegar a ser arrogante), de pie, apoyándose sobre los dos pies y manteniendo la cabeza alta.

Esta postura es útil, especialmente durante la presentación del curso, porque ayuda a relajar el cuerpo, a facilitar la respiración y a controlar las muestras de nerviosismo, al tener un buen apoyo en el suelo.

A medida que avanza el curso, se pueden adoptar otras posturas que faciliten el descanso (apoyarse), el acercamiento (echar el cuerpo hacia delante) o que resten protagonismo (sentarse).

Gestos

Los gestos son un buen aliado del formador, excepto cuando éste se siente incómodo o nervioso. Gestos de carácter adaptador, como rascarse o colocarse la ropa, pueden delatar su estado emocional.

La mayoría de los gestos cumplen la función de reforzar el mensaje verbal (ilustradores), aunque existen otros cuya función es regular las intervenciones cuando se dirige una discusión de grupo.

Expresiones faciales

Las expresiones de la cara transmiten las emociones y permiten obtener fácilmente una respuesta del alumno.

Una expresión facial agradable, como una sonrisa no forzada, facilita la creación de un ambiente relajado en el aula. Una sonrisa puede ser muy útil también para romper la tensión que inevitablemente surge en algunas sesiones.

Mirada

La mirada, junto con la postura, es uno de los mejores métodos para transmitir confianza (en momentos de nerviosismo se tiende a apartar la vista) y para captar la atención de los alumnos.

Mientras el formador habla debe mantener la mirada sobre los alumnos la mayor parte del tiempo, mirándolos el tiempo suficiente como para que se sientan atendidos pero no incómodos. También se puede utilizar la mirada durante las discusiones de grupo, con una función reguladora de las distintas intervenciones.

Desplazamientos

Realizar desplazamientos en el aula capta la atención del alumnado, además de facilitar el contacto visual. Hay que procurar que no sean repetitivos o bruscos (pasear cerca de los alumnos), y cambiar de un recurso a otro (ir de la pizarra al retroproyector), etc.

Recuerde

Los recursos no verbales que estudia la Kinesia son:

▌ Posturas.
▌ Gestos.
▌ Expresiones faciales.
▌ Mirada.
▌ Desplazamientos.

Estos recursos pueden utilizarse tanto para reforzar lo que se expresa mediante la comunicación verbal como para sustituirlo.

Proxémica

El aspecto de la proxémica que más interesa es la proximidad física entre los individuos, ya que los alumnos pueden sentirse violentos si el formador se aproxima excesivamente a ellos o, por el contrario, verle distante si no se acerca.

Se debe prestar atención a este aspecto, tanto durante las intervenciones como al distribuir el espacio del aula que se va a emplear, evitando siempre que los asientos estén demasiado juntos o demasiado separados.

Paralingüística

Para captar la atención del público, los oradores suelen hacer uso de determinados aspectos como el tono de voz o las pausas, que en algunos casos pueden parecer exagerados.

El formador, aunque emplee el método de la lección magistral, no es un orador y, por tanto, no debe prestar especial atención a estos aspectos, excepto cuando le plantean algún problema, debido a la ansiedad, al cansancio o a un mal estado de salud. Practicar en voz alta y realizar grabaciones durante la fase de preparación puede ayudar a vencer estas dificultades.

Volumen

Aunque el aula sea pequeña, se tiene que realizar el esfuerzo de hablar lo suficientemente alto para que todos los alumnos oigan las explicaciones y, a la vez, transmitir confianza. En general, el volumen se ajustará instintivamente cuando se compruebe dónde se sitúa la persona que se encuentra más alejada.

Entonación

El problema más frecuente, especialmente si se está cansado, es la monotonía, que no contribuye a captar la atención ni a motivar a los alumnos.

El interés que el formador muestre por el tema y una correcta preparación le hará destacar los puntos clave y jugar con la entonación de una forma adecuada a lo largo de toda la exposición.

Pronunciación

Los problemas se presentan especialmente cuando se está nervioso o se habla demasiado rápido. Se debe hacer un esfuerzo por articular todas las palabras de manera limpia y clara, abriendo la boca lo suficiente para pronunciar correctamente las sílabas, consonantes y vocales.

Velocidad

Una velocidad correcta puede ayudar a resolver problemas de pronunciación y de entonación. Se debe hablar a una velocidad normal o algo superior, para facilitar el mantenimiento de la atención. No obstante, si se está nervioso, se puede hablar con mayor lentitud para facilitar la respiración y relajarse. También se debe reducir la velocidad cuando se expliquen conceptos técnicos complejos o cuando se espere alguna respuesta por parte de los alumnos.

Recuerde

Los elementos que trata la Paralingüística son:

- El volumen.
- La entonación.
- La pronunciación.
- La velocidad.

Proyección física

Existen determinados factores que, sin que la persona diga ni haga nada, transmiten información y hacen referencia a la imagen física que esta persona proyecta.

Es fundamental que el formador transmita una imagen positiva para los alumnos. Se debe cuidar el aspecto externo y los artefactos que se usen, como los adornos y prendas de vestir. La manera adecuada de vestir depende de la situación y siempre debe estar en consonancia con lo que cada colectivo de alumnos espera del formador.

Ejemplo

Sería negativo vestir pieles para impartir un curso cuyo objetivo fuese desarrollar actitudes positivas hacia la protección del medio ambiente.

En cualquier caso, se debe llevar ropa que resulte cómoda, bien cuidada y no demasiado llamativa. A los adornos y al peinado se aplican las mismas reglas que al vestido.

Importante

Un objetivo fundamental del formador es dirigir la atención de los alumnos hacia el contenido que está desarrollando, nunca hacia su persona.

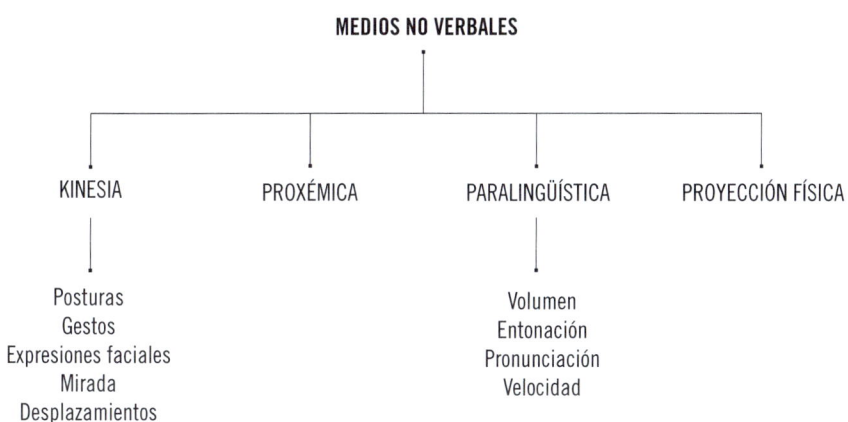

Finalmente, conviene recordar que si el formador observa atentamente la comunicación no verbal que expresan los alumnos, obtendrá una gran cantidad de información.

Hay numerosos signos no verbales que puede mostrar el alumno:

- **Atención:** posturas del cuerpo (inclinado hacia delante, hacia atrás…).
- **Necesidad de hablar:** movimientos sutiles de la boca, de la mano, etc.
- **Irritación:** movimiento de pies, manipulación de objetos sobre la mesa, etc.

- **Concentración:** tomar apuntes, mirar al docente, etc.
- **Cansancio:** cuerpo hundido, suspiros, etc.
- **Inercia:** silencios de todo el grupo, etc.
- **Desinterés:** cerrar el cuaderno, bostezar, mirar al vacío, etc.
- **Sorpresa:** levantar los brazos, abrir la boca, levantar las cejas, abrir los ojos, etc.

Si se observan estos elementos de forma atenta, se podrá obtener información sobre la comprensión del mensaje y el estado emocional de los alumnos, lo que será de gran utilidad para el formador durante el curso.

La comunicación no verbal aporta información al formador sobre los alumnos

5. Técnicas de secuenciación de contenidos

Una vez seleccionados los contenidos, hay que ordenarlos secuencialmente. La **secuenciación y estructuración de los contenidos** es el proceso que permite situarlos en una configuración que produce el máximo aprendizaje en el mínimo tiempo posible.

Algunas de las técnicas para la secuenciación de contenidos son las siguientes:

- Que los contenidos estén de acuerdo con los objetivos propuestos y con los plazos previstos para conseguirlos.

- Empezar por los contenidos más próximos y significativos para el alumno, para llegar poco a poco a lo desconocido. De esta manera, resultará más fácil introducir los nuevos contenidos.
- Ir de lo inmediato a lo remoto.
- Ir de lo concreto a lo abstracto.
- Ir de lo más fácil a lo más difícil. Esto motiva al alumnado porque le va mostrando los avances de manera rápida.

Las principales ventajas que este proceso conlleva son:

- Ayuda al participante a pasar de un conocimiento o habilidad a otro.
- Garantiza que los conocimientos y habilidades previas son alcanzados antes de introducir elementos nuevos.
- Reduce el tiempo de formación.
- Evita la confusión y los fallos en el participante.

Estos puntos son los principales aspectos a tener en cuenta cuando se realiza la presente fase de la programación de la formación, es decir, cuando se fijan los contenidos de la formación.

6. La selección y planificación de estrategias didácticas

Las personas que realizan un curso de formación son diversas, por ello es muy importante que las estrategias didácticas se adapten, de la mejor forma posible, al contexto y permitan una flexibilidad.

 Definición

Estrategias didácticas
Son procedimientos que el formador emplea para facilitar el aprendizaje, con la intención de que éste sea significativo.

Tras la selección y estructuración de contenidos, llega el momento de decidir la modalidad de formación a seguir y la metodología a utilizar en su impartición. Pero esta decisión no se puede tomar arbitrariamente, sino que ha de basarse en unos criterios. Los criterios de decisión básicos para determinar qué estrategia y qué método de formación es el adecuado, son:

- La compatibilidad con los objetivos.
- Los principios generales del aprendizaje del adulto: individualización, motivación, utilidad, practicidad, intereses, etc.
- Los principios de rigor, realismo y participación.
- El carácter eminentemente aplicativo de los aprendizajes.
- La posibilidad de transferir los aprendizajes al puesto de trabajo.
- Los recursos disponibles, incluido el tiempo.
- Los factores relacionados con los participantes, como el estilo de aprendizaje, la edad, el tamaño del grupo, la motivación, etc.

Una vez escogido el método, se observa que ninguno es químicamente puro, sino que unos participan de otros. Por lo demás, todo método puede ser adecuado o inadecuado dependiendo del modo en que sea empleado.

Los formadores deben utilizar los métodos flexiblemente, de la forma que mejor se adapten al estilo de formación, a la materia y a los alumnos, complementando cada método con la técnica y recurso didáctico más acorde.

7. La selección y planificación de medios y recursos didácticos

Para realizar cualquier acción formativa, hace falta algo más que elegir y aplicar unos métodos y unas técnicas. Son necesarios los medios y recursos didácticos, que van a ayudar a desarrollar la metodología seleccionada en el aula. Los medios y recursos didácticos permiten el trasvase de información formador-alumno.

 Definición

Medios didácticos
Son materiales elaborados para facilitar los procesos de enseñanza-aprendizaje.

Recursos didácticos
Son soportes mediante los cuales se presentan los contenidos del curso a los alumnos.

A la hora de escoger el medio o recurso a utilizar, se deben tener en cuenta los siguientes criterios:

- **Características de la materia o tema.** Dependiendo de la naturaleza de los contenidos, éstos pueden ser transmitidos por unos u otros métodos.
- **Los objetivos del curso.** Toda selección de medios y estrategias de enseñanza deben realizarse en función de éstos.
- **La disposición del aula y el número de alumnos.** Hay que tener cuidado, sobre todo en la visibilidad de alguno de los recursos, porque pueden perder eficacia.
- **Tiempo disponible para la formación.** Este elemento tiene que estar siempre presente, porque, en función del tiempo que se tenga, se elegirá lo que se adapte mejor a las necesidades.
- **Recursos disponibles,** ya que en algunas ocasiones están a nuestro alcance.
- **El uso que se haga de ellos,** cuál es la finalidad, qué es lo que se pretende y en qué momento se van a utilizar.
- **El nivel de conocimiento de los alumnos** sobre el tema.

Todos estos puntos se han de tener en cuenta a la hora de escoger un medio o recurso didáctico. La finalidad de éstos no es otra que la de fundamentar, apoyar y reforzar el acto formativo.

8. La planificación de la evaluación del proceso de enseñanza-aprendizaje

La aplicación de programas de formación lleva a la obtención de unos determinados resultados. Éstos serán los frutos de la formación y mostrarán el grado de eficacia y eficiencia con que se lleva a cabo la función formativa.

Los resultados indican el éxito de la formación mediante su contraste con los objetivos fijados anteriormente. Este procedimiento recibe el nombre de **evaluación,** proceso ampliamente conocido y con trascendencia reconocida para la formación. Según el proceso de evaluación aplicado, los resultados obtenidos serán reales y fiables, o bien, falseados.

Para que los resultados de la evaluación muestren con certeza el grado de éxito alcanzado con la formación, es necesario un requisito previo: el establecimiento de criterios de evaluación durante el proceso de planificación de la formación. Los criterios actúan como puntos de referencia, a partir de los cuales se valoran los resultados obtenidos.

Los criterios de evaluación han de fijarse con mucha atención, ya que determinan el proceso de evaluación, y éste juzga el grado de éxito de la función formativa.

El primer aspecto a tener en cuenta es la validez: los criterios de evaluación han de ser válidos en relación a los elementos del proceso formativo.

Los aspectos que determinan el grado de validez de los criterios de evaluación son:

- La relevancia.
- La no deficiencia.
- La no contaminación.
- Su fiabilidad.

El establecimiento de criterios válidos y fiables permitirá elaborar un proceso de evaluación de la formación que mida rigurosamente la eficacia y la eficiencia de la función formativa.

9. El seguimiento formativo

El seguimiento es un proceso continuo que sirve para evaluar la eficacia del uso de los recursos y para saber qué iniciativas se pueden emprender para mejorar el aprovechamiento de los recursos formativos.

El seguimiento, además de realizarse después de haber finalizado la planificación formativa, también se realiza antes de la acción.

9.1. Características

El seguimiento formativo permite evaluar los distintos componentes (desde los alumnos hasta todos los elementos que forman la programación) que intervienen en él durante todo el proceso de formación.

El seguimiento formativo se diferencia de la evaluación en que éste tiene que ver más con tareas organizativas, de coordinación, administrativas, etc.; sin embargo, la evaluación valora aspectos de los procesos de formación, como pueden ser la comunicación, el aprendizaje de los nuevos conocimientos, etc.

Con la realización adecuada de un seguimiento formativo:

- Se pueden **descubrir errores o desajustes** en el proceso de enseñanza-aprendizaje antes de que se realice la evaluación final para comprobarlos.
- Se pueden **corregir los errores** en el momento en el que se están produciendo.
- Además, **se detectan los aspectos positivos** que tienen lugar a lo largo de todo el proceso y las **posibles mejoras** que se pueden realizar.

El seguimiento formativo tiene que ser realizado por todas las personas que están implicadas en la realización de los cursos de formación (tutores, coordinadores, técnicos, etc.), por ello, el formador es una figura importante en el proceso de formación, ya que se encuentra implicado en él.

El proceso de formación debe estar planificado, pensado y planteado antes de que empiece la acción de formación, nunca debe llevarse a cabo de manera cerrada, sino que tiene que estar abierto a cualquier cambio que se considere necesario.

9.2. Finalidad

Son varias las finalidades que persigue el seguimiento formativo:

- Ayudar a comprender por qué ocurren algunas cosas y qué se puede hacer para intervenir en ese proceso que se está llevando a cabo.
- Identificar y solucionar los problemas que surgen a lo largo del proceso.
- Contribuir para elaborar planes de formación de manera objetiva, sin desviarse de la finalidad éste.
- Colaborar en la disminución y control del uso de los recursos materiales.
- Determinar el nivel que puede alcanzar el rendimiento y relacionarlo con el rendimiento actual.
- Diagnosticar y detectar problemas para llevar a cabo las acciones correctivas pertinentes.

9.3. Planificación

El seguimiento formativo debe planificarse antes y durante la acción formativa.

El objetivo de este seguimiento es comprobar la eficacia de la acción formativa antes de que ésta llegue a su fin, es decir, es necesario que durante este proceso todos los elementos que van a formar parte del aprendizaje estén planificados.

Los dos momentos que hay que tener en cuenta para planificar el seguimiento formativo son:

- **Antes de la acción formativa:** es necesario conocer las necesidades, el perfil del alumno, qué materiales, instrumentos, recursos, medios didácticos se van a usar.

■ **Durante la acción formativa:** aquí el seguimiento se utiliza para comprobar los posibles errores y mejoras que se pueden llevar a cabo. Ofrece la posibilidad de poder modificar aquellas acciones o medios que dificultan el avance del aprendizaje.

10. Instrumentos para el seguimiento

A lo largo de un ciclo formativo pueden suceder errores y surgir problemas, esto abarca desde la identificación de necesidades hasta la planificación, el diseño, la implantación y la evaluación. Por todo esto, es importante saber cuál es la causa del problema y saber tomar las medidas oportunas para que no se origine nuevamente.

Para detectar el origen del problema, siempre se necesita una información determinada, ésta sólo se puede obtener mediante técnicas que ayuden a obtenerlas, es decir, que permitan recabar y analizar los datos obtenidos.

Para el seguimiento del proceso de enseñanza-aprendizaje, se pueden confeccionar diferentes tipos de instrumentos de evaluación, como pueden ser los cuestionarios y utilizar la observación directa, etc., si el tipo de formación lo permite (presencial o semipresencial). Estos instrumentos variarán según el tipo de datos que se quiera conseguir.

Un ejemplo de plantilla para recoger y analizar la información podría ser esta:

CURSO:		1º Módulo	2º Módulo	3ºMódulo
	Suficiente			
Objetivos del módulo	Insuficiente			
	Adecuado			
	Inadecuado			

Continúa en página siguiente >>

<< Viene de página anterior

CURSO:		1º Módulo	2º Módulo	3ºMódulo
Contenidos del módulo	Suficiente			
	Insuficiente			
	Adecuado			
	Inadecuado			
Metodología	Suficiente			
	Insuficiente			
	Adecuado			
	Inadecuado			
Actividades y recursos	Suficiente			
	Insuficiente			
	Adecuado			
	Inadecuado			
Recursos materiales	Suficiente			
	Insuficiente			
	Adecuado			
	Inadecuado			
Recursos humanos	Suficiente			
	Insuficiente			
	Adecuado			
	Inadecuado			
Proceso de evaluación	Suficiente			
	Insuficiente			
	Adecuado			
	Inadecuado			
Nivel de satisfacción del alumnado	Suficiente			
	Insuficiente			
	Adecuado			
	Inadecuado			

Para el seguimiento del aprendizaje, como la información que se obtiene es de diferente índole, se recogerá mediante la aplicación de las técnicas seleccionadas y elaboradas para la evaluación de cada uno de los aspectos planteados (observación directa de los trabajos, participación, cuestionarios acerca de la motivación y satisfacción del alumnado, etc.).

Por ejemplo, los contenidos que se podrían incluir en la "parrilla" de análisis son los siguientes:

CURSO		1er Módulo	2º Módulo	3er Módulo
Conceptos (comprende los contenidos conceptuales)	Con facilidad			
	Con normalidad			
	Con dificultad			
Procedimientos (aplica y desarrolla los contenidos procedimentales)	Con facilidad			
	Con normalidad			
	Con dificultad			
Actitudes (manifiesta las actitudes adecuadas a los contenidos)	Con facilidad			
	Con normalidad			
	Con dificultad			
Motivación y participación	Con facilidad			
	Con normalidad			
	Con dificultad			
Satisfacción del alumno	Con facilidad			
	Con normalidad			
	Con dificultad			

Dos de las herramientas básicas son:

- **Los diagramas de flujo:** éstos sirven para desglosar en forma de componentes, para presentar una clara imagen de lo que ocurre.
- **Los checklists:** éstos son especialmente útiles para garantizar que se han realizado todas las acciones necesarias. Es otro método de ayuda orientado a los formadores y participantes para preparar, utilizar y solucionar los problemas del equipamiento.

Otros métodos de seguimiento y control que pueden ayudar en la formación son:

- Las reuniones formales e informales.
- Pasar un informe de las sesiones, cuestionarios de satisfacción o formularios de evaluación del curso.
- Entrevistas de evaluación.

Recuerde

Algunos de los instrumentos de seguimiento más utilizados son:

- Cuestionario de satisfacción
- Cuestionario de motivación
- Observación directa
- Reuniones formales e informales
- Entrevistas de evaluación

11. Metodología de la evaluación del diseño de formación

Los métodos empleados en la evaluación siempre suelen son los mismos, independientemente de que se evalúen los objetivos, los contenidos, los recursos, etc. A pesar de esto, hay que tener en cuenta que no se deben utilizar todos los métodos que se van a nombrar, sino que todo dependerá de lo que se esté evaluando.

Los métodos más frecuentes son:

- Observación sistemática.
- Observación mediante observadores externos o internos del grupo.
- Análisis de trabajo.
- Entrevistas personales.
- Situaciones de simulaciones.

- Diálogos, debates.
- Cuestionarios específicos.
- Inventarios.
- Grabaciones en vídeo.
- Etc.

11.1. Evaluación de los objetivos

Cuando se diseña el programa formativo, se deben concretar los objetivos que serán objeto de evaluación al finalizar el curso, para comprobar si éstos se han alcanzado o no.

Los objetivos marcan aquellos aspectos claves que debe adquirir el alumno para alcanzar unas competencias determinadas. Éstos determinarán lo que el alumno será capaz de saber y saber hacer al acabar el curso, en unas condiciones dadas y con unos medios determinados.

Si, al finalizar el curso, se observa que los objetivos no se han cumplido en su totalidad, hay que analizar cuál ha sido la causa de este error y corregirlos. Si se han cumplido los objetivos, habrá que determinar los motivos de éxito, para volver a ponerlos en práctica en futuros cursos.

Los objetivos marcados al inicio de la formación sirven para:

- Dirigir la formación, es decir, saber hacia dónde se quiere llegar con ésta.
- Comprobar qué se ha logrado.
- Facilitar la evaluación, ya que se sabe cuáles son los objetivos que hay que evaluar.
- Reorientar la formación en el mismo momento que se está realizando.
- Elegir los métodos más adecuados para la formación.

La evaluación de los objetivos debe medirse atendiendo a:

- **Objetivos generales:** son utilizados para saber cuáles son las competencias generales.
- **Objetivos específicos:** parten de los objetivos generales.

- **Objetivos operativos:** son derivados de los específicos. Son objetivos más concretos y siempre deben estar relacionados con actividades u operaciones determinadas. Son los más fáciles de medir.

 Ejemplo

Objetivos específicos para evaluar un curso de primeros auxilios:

| Aprender los conceptos básicos y generales de los primeros auxilios.
| Adquirir las habilidades y aplicar los principios de actuación para poder reaccionar adecuadamente en situaciones de urgencia.
| Conocer los aspectos jurídicos relacionados.

11.2. Evaluación de los contenidos

La evaluación de los contenidos se realizará para comprobar si los objetivos que se habían marcado al principio de la formación se han logrado, así como para eliminar aquellos contenidos que no aportan nada al curso.

Se debe tener siempre en cuenta que se puede lograr un mismo objetivo de formación utilizando diversos contenidos.

Para evaluar los contenidos, hay que comprobar si se ha seguido una secuencia lógica a la hora de impartirlos. Esta secuencia permite que los contenidos sean adquiridos por los alumnos de una manera más significativa, es decir, facilita el aprendizaje de los mismos.

Para que la evaluación de los contenidos resulte positiva, éstos deben ir expuestos:

- De acuerdo con los objetivos propuestos y con los plazos previstos para conseguirlos.
- De lo conocido a lo desconocido.

- De lo inmediato a lo remoto.
- De lo concreto a lo abstracto.
- De lo fácil a lo difícil.

Otro aspecto a tener en cuenta para que la evaluación de los contenidos sea positiva, es que éstos se deben estructurar adecuadamente, por ejemplo, mediante módulos, unidades didácticas, etc. Éstas tienen que abarcar los conocimientos, las habilidades y las actitudes que capacitan al alumno para poner en práctica las funciones que desempeñará en su puesto de trabajo. Por lo general, se pueden constituir equivalencias entre objetivos generales y cursos, objetivos específicos y módulos, unidades didácticas, etc. así como entre objetivos operativos y sesión formativa,.

 Ejemplo

Siguiendo el ejemplo anterior de primeros auxilios, los contenidos que se evaluarán para comprobar si se han logrado o no los objetivos anteriormente propuestos, son:

- Primeros auxilios: conceptos generales.
- Soporte vital básico (reanimación cardio-pulmonar)-adultos.
- Soporte vital básico-niños.
- Soporte vital instrumental.
- Traumatismos osteoarticulares. Inmovilizaciones (vendajes y férulas improvisadas).
- Movilización de urgencia y posiciones de espera.
- Traumatismos craneales y vertebro-medulares.
- Otras situaciones de emergencia.

11.3. Evaluación de la metodología

La evaluación de la metodología consiste en comprobar que los métodos que se han utilizado son los adecuados para lograr los objetivos formativos, aunque éstos deben ser flexibles a la hora de utilizarlos, ya que deben adaptarse a la materia tratada, a los alumnos, a los recursos disponibles, etc.

Para conseguir que la evaluación de la metodología sea positiva, se deben tener en cuenta las características que se emplean para definir un método. Éstas pueden ser:

- Presentar y mostrar la problemática del tema para que, a través de la reflexión y el esfuerzo, el alumno pueda resolverla.
- Respetar tanto la libertad de expresión como de creación.
- Las actividades que están destinadas al alumno tienen que ser dirigidas por el formador para que el alumno reflexione y participe.
- Motivar al alumno, relacionando los temas con sus intereses, motivaciones y necesidades.
- Organizar los nuevos aprendizajes para que se integren con los ya adquiridos.
- Tener en cuenta las limitaciones y las posibilidades que tiene cada alumno.
- Dar lugar a la acción individualizada a través de tareas que requieran planteamientos y acciones individualizadas.

11.4. Evaluación de actividades y recursos

Las **actividades** son unos elementos que acompañan a los contenidos formativos, ya que éstas refuerzan los contenidos que son expuestos por el formador. Siempre debe existir coordinación entre ambos, para esto se deben seleccionar adecuadamente tanto los métodos como las técnicas.

Para evaluar las diversas actividades que se han desarrollado, hay que formular una serie de preguntas para saber si las actividades han sido eficaces o han fallado en su ejecución. Algunas de estas preguntas pueden ser:

- ¿Qué ha hecho el alumno?
- ¿Ha sabido aplicar los conocimientos necesarios para lograr resolver las actividades?
- ¿Valora y comprende la finalidad de la actividad?
- ¿Ha mostrado interés en la realización de la misma?
- ¿Qué ha aprendido?
- ¿Han sido válidas las actividades?

- ¿Cuáles han fallado? ¿Por qué?
- ¿Se han alcanzado los objetivos?
- Etc.

Junto con las actividades, los recursos también tienen que ser evaluados, ya que de ellos va a depender en cierta manera la eficacia de las actividades. Por eso, en la evaluación de los recursos hay que tener en cuenta la eficacia de aquellos que se han utilizado y cuáles son los que se hubieran necesitado para desarrollar el curso.

Se pueden distinguir varios criterios para evaluar la eficacia de los recursos:

- Su calidad, porque actúa como mediador entre la realidad y la estructura cognitiva del alumno.
- El contexto metodológico, ya que todo va a depender de la metodología usada por el formador.
- Los propios alumnos, sus motivaciones, intereses, etc.
- La experiencia del formador en el manejo de los diversos recursos, sus habilidades, etc.

También es necesario tener en cuenta qué evaluar de los recursos:

- La rentabilidad de éstos.
- El aprovechamiento para distintas finalidades.
- El mantenimiento.
- La actualización, deben adaptarse a las nuevas tecnologías.
- La adecuación al proceso de enseñanza-aprendizaje.
- Posibilitar la acción, estimular y responder a las curiosidades presentes en el alumnado.

11.5. Evaluación del formador

La figura del formador es muy importante a lo largo de todo el proceso formativo, ya que, en cierta manera, el éxito o el fracaso de la formación recae sobre él, por lo tanto, es imprescindible conocer previamente a la persona que va a impartir un curso.

El formador es el mediador entre los contenidos y los alumnos, por lo que debe evaluarse de forma continua y a lo largo de todo el proceso de enseñanza-aprendizaje, así como al final del proceso, momento en que se comprobará si los métodos y estrategias que ha diseñado y utilizado han sido los adecuados, introduciendo posibles modificaciones para las prácticas futuras.

La evaluación del formador se puede realizar desde varias vertientes, en cada una de ellas se evalúan aspectos diferentes, pero todas persiguen el mismo fin, que es fomentar la calidad de la formación.

Evaluación realizada por los alumnos

Los alumnos pueden evaluar aspectos como la relación del formador con los alumnos, la organización de las sesiones, el control de clase, la efectividad de la enseñanza, etc.

En la siguiente tabla se muestra un cuestionario a modo de ejemplo:

Marque la opción que más se adecúe a las características que prevalecieron a lo largo del curso

---

1. Las oportunidades que tuve para realizar preguntas en clase fueron:
   a.   Frecuentes
   b.   Regulares
   c.   Escasas
   d.   Muy escasas

---

2. El interés que mostró el formador respecto a los alumnos fue:
   a.   Satisfactorio
   b.   Regular
   c.   Poco
   d.   Muy pobre

---

3. El clima existente en el aula fue:
   a.   Bueno
   b.   Regular
   c.   Tenso
   d.   Malo

Continúa en página siguiente >>

<< Viene de página anterior

**Marque la opción que más se adecúe a las características
que prevalecieron a lo largo del curso**

4. En la prueba final se evaluaban los contenidos dados a lo largo del curso:
    a. Sí
    b. No

5. El material presentado en el curso fue:
    a. Original
    b. Poco original
    c. Nada original

6. Las actividades que realicé para asimilar los contenidos fueron:
    a. Útiles
    b. Regulares
    c. Pobres
    d. Inútiles

7. El contenido marcado para el curso se expuso en su totalidad:
    a. Sí
    b. No

8. El grupo de alumnos afectó a mi aprendizaje:
    a. De manera positiva
    b. De manera negativa
    c. No me afectó

9. El material audiovisual me pareció:
    a. Atractivo
    b. Regular
    c. Inadecuado

10. Los procesos, problemas y soluciones experimentados en el trabajo en
    grupo fueron:
    a. Bien planteados
    b. Regular planteados
    c. Mal planteados

11. Las exposiciones por parte del docente me parecieron:
    a. Buenas
    b. Regulares
    c. Malas

Continúa en página siguiente >>

<< Viene de página anterior

Marque la opción que más se adecúe a las características que prevalecieron a lo largo del curso

---

12. La actuación del profesor durante el curso evidenció:
    a. Un elevado conocimiento de la materia
    b. Un mediano conocimiento
    c. Un escaso conocimiento

---

13. El profesor supo controlar las conductas perturbadoras sucedidas a lo largo del curso de forma:
    a. Eficaz
    b. Regular
    c. Ineficaz

---

14. El ritmo que siguió el profesor al exponer los contenidos me pareció:
    a. Muy bueno
    b. Satisfactorio
    c. Monótono

---

15. La secuencia de presentación de los contenidos del curso fue:
    a. Lógica
    b. Regular
    c. Arbitraria

---

16. La actuación del profesor despertó interés y motivación:
    a. Muchas veces
    b. Algunas veces
    c. Pocas veces
    d. Ninguna vez

Evaluación realizada por el propio formador

En esta evaluación, el formador va a evaluar la preparación del curso, el desarrollo del mismo, y también realizará una evaluación propia de su actuación como formador.

En la siguiente tabla se muestra un cuestionario a modo de ejemplo:

Marque la opción que más se adecúe a las características que prevalecieron a lo largo del curso

A. PREPARACIÓN DEL CURSO

1. ¿Cómo ha sido el tiempo con el que ha contado?
   a. Suficiente
   b. Insuficiente

¿Por qué? _____

2. ¿Cómo considera la distribución de las sesiones del curso?
   a. Adecuadas
   b. Inadecuadas

¿Por qué? _____

3. ¿Ha dispuesto de las guías didácticas del curso?
   a. Sí
   b. No

¿Por qué? _____

4. ¿Ha dispuesto de los recursos necesarios para la preparación de sus sesiones?
   a. Sí
   b. No

¿Cuáles le han hecho falta? _____

5. Teniendo en cuenta su nivel de formación, ¿ha necesitado apoyo por parte de la dirección del curso?
   a. Sí
   b. No

¿Cómo ha sido el apoyo? _____

B. DESARROLLO DEL CURSO

6. ¿El desarrollo de las sesiones (distribución y tiempo) se ha correspondido con la planificación prevista?
   a. Sí
   b. No

7. ¿La metodología utilizada para el desarrollo de las sesiones ha propiciado la participación e implicación del alumnado?
   a. Sí
   b. No

¿Por qué? _____

Continúa en página siguiente >>

<< Viene de página anterior

Marque la opción que más se adecúe a las características que prevalecieron a lo largo de curso

8. ¿Considera que el clima del curso ha sido el adecuado?
   a. Sí
   b. No

¿Por qué? _____

9. ¿El contexto donde se ha desarrollado el curso ha sido adecuado y oportuno?
   a. Sí
   b. No

¿Por qué? _____

10. ¿Ha conseguido los objetivos propuestos?
    a. Sí
    b. No

¿Por qué? _____

C. AUTOEVALUACIÓN

11. Evalúe de 1 a 4 los siguientes apartados relacionados con su intervención como formador, donde:

    1. Considero imprescindible mejorar mi formación en este aspecto.
    2. Considero necesario mejorar mi formación en este aspecto.
    3. Cuento con recursos necesarios para el desarrollo ajustado del curso, pero podría encontrar dificultades si éste cambia el rumbo prefijado.
    4. Mi formación al respecto es adecuada y dispongo de recursos suficientes para el desarrollo óptimo del curso.

	1	2	3	4
Dominio de los contenidos				
Metodología/didáctica empleada				
Comunicación con el alumnado				
Trabajo en equipo				

D. AMPLIACIÓN

Puede anotar a continuación cualquier aportación que desee realizar y no haya sido considerada en este cuestionario.

_____
_____

11.6. Tipos de evaluación

Existen diferentes tipos de evaluación, cada una se aplicará atendiendo a diferentes criterios.

Según su finalidad o función de la evaluación

Diagnóstica

Esta evaluación, como su nombre indica, tiene un carácter diagnóstico, ya que permite que se conozcan las potencialidades del alumno. De esta manera, la actividad didáctica se dirige de forma más efectiva.

Formativa

Se utiliza como estrategia para mejorar y ajustar los procesos formativos en el momento que se están llevando a cabo, para alcanzar las metas y los objetivos marcados. La evaluación formativa es aplicable a la evaluación de procesos.

Sumativa

Se aplica a la evaluación de productos terminados, es decir, se sitúa concretamente cuando finaliza un proceso, cuando éste se considera acabado. Su propósito es determinar el grado en que se han conseguido los objetivos establecidos, para evaluar de forma positiva o negativa el resultado. Esta evaluación permite tomar medidas tanto a medio como a largo plazo.

Según el momento de aplicación de la evaluación

Inicial

Se produce al principio del proceso de enseñanza-aprendizaje. La función que tiene la evaluación inicial es identificar el nivel de conocimientos que tienen los alumnos que inician un curso y, de esta manera, comprobar si los alumnos cuentan con los conocimientos necesarios para comenzarlo, y determinar si es posible impartirlo de acuerdo al programa formativo o si se requiere alguna modificación.

Procesual

La evaluación procesual se basa en valorar, de forma continua, el aprendizaje de los alumnos y la enseñanza del profesor, a través de la recogida sistemática de datos, toma de decisiones, etc.

La evaluación procesual es totalmente formativa, ya que, al favorecer la recogida continua de datos, permite tomar decisiones en el mismo momento que se considere necesario.

Los resultados que se obtienen forman la base permanente para el formador a la hora de programar las actividades diarias, así como para establecer las actividades y los procedimientos más apropiados. De esta manera, se evitan las dificultades que se puedan producir en los aprendizajes que se están llevando a cabo. La finalidad de todo esto es evitar errores y vacíos en los aprendizajes posteriores.

Final

La evaluación final es aquella que se realiza al finalizar la formación, por lo tanto ésta recoge y valora los resultados obtenidos a lo largo de un periodo formativo.

Según su extensión

Global

Tiene en cuenta todos los elementos y procesos que guardan relación con todo lo que es objeto de evaluación. Por ejemplo, si se trata de evaluar el proceso de aprendizaje de los alumnos, esta evaluación se centra en todas las áreas en general, pero sobre todo en los diversos tipos de contenidos de enseñanza (conceptos, procedimientos, valores, normas, etc.).

Parcial

Esta evaluación no se realiza de manera global, sino que se lleva a cabo por partes, es decir, evalúa los componentes que más interesan.

Según los agentes que realizan la evaluación

Autoevaluación o evaluación interna

Es el proceso sistemático mediante el cual una persona o grupo examina y valora sus procedimientos, comportamientos y resultados, para identificar qué quiere corregir o modificar en él. La evaluación interna muestra que los alumnos están más motivados a la hora de realizar una tarea difícil. La puesta en práctica de la autoevaluación no conlleva que el profesorado abandone sus funciones, sino que implica una concepción diferente de la enseñanza.

La autoevaluación ofrece al estudiante ayuda para descubrir sus necesidades, cantidad y calidad de su aprendizaje, causas de sus problemas, dificultades y éxitos en el estudio. De esta manera, el alumno puede conocerse de manera más concreta.

Heteroevaluación o evaluación externa

La evaluación externa es realizada o llevada a cabo por otra persona que no es el protagonista del aprendizaje. En esta evaluación, lo más frecuente es que el profesor evalúe al alumno.

TIPOS DE EVALUACIÓN	
Según su finalidad o función	- Diagnóstica - Formativa - Sumativa

Continúa en página siguiente >>

<< Viene de página anterior

TIPOS DE EVALUACIÓN

Según su momento de aplicación	- Inicial - Procesual - Final
Según su extensión	- Global - Parcial
Según los agentes que la realizan	- Autoevaluación o evaluación interna - Heteroevaluación o evaluación externa

Solucionarios de ejercicios de repaso y autoevaluación

Contenido

Solucionario 1

Eficiencia energética en las instalaciones de calefacción y ACS en los edificios

Solucionario Capítulo 1

1. Indique la respuesta correcta.

    a. Una tubería no puede constituir un sistema termodinámico.

    b. La termodinámica es una rama de la astrología que se basa en el estudio del intercambio de materia y energía, los elementos que conforman el universo.

    c. El sistema termodinámico se encuentra aislado del entorno mediante unos límites definidos.

2. ¿Qué clases de sistemas se pueden distinguir en termodinámica? Defínalos.

    ▪ Sistema cerrado: donde la masa o materia es constante y solo se intercambia energía.

    ▪ Sistema abierto: donde, además de energía, también se intercambia materia con el entorno.

3. ¿Cómo se denomina la situación termodinámica en la que se encuentra un sistema en el momento de estudio?

    a. Base.

    b. Estado.

    c. Proceso.

    d. Situación.

4. Las propiedades termodinámicas pueden ser de carácter intensivas y extensivas.

Clasifique las siguientes propiedades.

    ▪ Densidad. Intensiva

    ▪ Volumen. Extensiva

    ▪ Temperatura. Intensiva

    ▪ Presión. Intensiva

5. **¿A cuántos julios equivale una caloría? ¿Y una atmósfera de presión a cuántos milímetros de mercurio?**

   1 cal = 4,18 J

   1 atm = 760 mmHg

6. **Complete.**

   El **calor** es energía que se desplaza de un sistema a otro debido a la diferencia de temperatura entre ambos. Cuando dos **sistemas** están en contacto el **calor** de ambos tiende a igualarse dando como resultado un **equilibrio térmico**.

7. **Nombre, al menos, tres escalas termométricas.**

   Celsius, Fahrenheit, Kelvin, Rankine.

8. **Explique por qué no es posible encontrar valores negativos en la Escala térmica del SI.**

   La escala térmica del Sistema Internacional está basada en la escala Kelvin de temperaturas que toma como valor cero, el cero absoluto donde no existe movimiento interno de las moléculas, constituyendo un punto físico de referencia por debajo del cual no tiene sentido medir la temperatura.

9. **¿Qué fórmula se debe aplicar si se quiere convertir la temperatura de la escala Kelvin a la escala Celsius? ¿Y de la escala Fahrenheit a la escala Celsius?**

   $T\ (°C) = t\ (K) - 273$

   $T\ (°C) = (t\ (°F) - 32)/1,8$

10. **¿Cuáles son los mecanismos de transmisión de calor?**

    Conducción, convección y radiación.

11. **¿Gracias a qué principio enunciado por Ralph H. Fowler fue posible la construcción de los primeros termómetros?**

    a. El principio de igualdad térmica y equilibrio.
    b. El principio de equilibrio entre masas en distintos estados.
    c. **El principio cero de la termodinámica.**
    d. El principio de equilibrio entre energías internas de dos sistemas en contacto mediante el mecanismo de transferencia de conducción.

12. **¿Qué mecanismo nos permite transferir el calor de un cuerpo a otro, sin la necesidad de existir un contacto directo entre ambos?**

    a. Transferencia por conducción.
    b. Transferencia por convección.
    c. **Transferencia por radiación.**
    d. Las opciones a y b son correctas.

13. **Relacione cada ecuación con el mecanismo de transferencia.**

$$\dot{Q} = -k \cdot A \cdot \frac{dT}{dx}$$

Conducción

$$\dot{Q} = h \cdot A \cdot (T_s \cdot T_f)$$

Convección

$$\dot{Q} = \varepsilon \cdot \sigma \cdot A \cdot T^4$$

Radiación

14. **La ecuación que rige el mecanismo de transmisión de calor por conducción recibe el nombre de** Ley de Fourier.

15. Ordene.

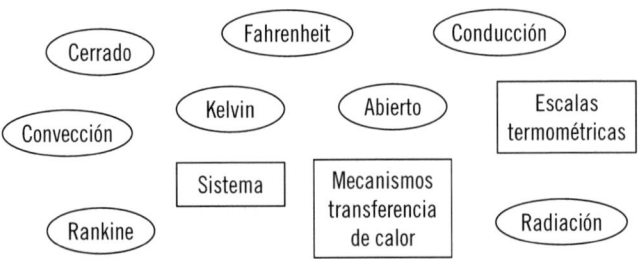

Mecanismos transferencia de calor: Radiación – Convección – Conducción.

Escalas termométricas: Fahrenheit – Kelvin – Celsius – Rankine.

Sistema: Cerrado – Abierto.

Solucionario Capítulo 2

1. **Para que se produzca una combustión, se necesita...**

    a. ... combustible.
    b. ... comburente.
    c. ... energía de activación.
    d. Todas las opciones son correctas.

2. **¿Qué porcentaje de oxígeno y nitrógeno compone el aire?**

Su composición se encuentra formada por un 20 % de oxígeno (O_2) y un 80 % de nitrógeno (N_2).

3. **La** energía de activación **es la energía mínima inicial que necesita ser aportada a un sistema para desencadenar una reacción química.**

4. **Relacione y escriba una relación de combustión con estos elementos.**

    a. Metano
    b. Agua
    c. Oxígeno
    d. Dióxido de carbono

    d. CO_2
    c. O_2
    a. CH_4
    b. H_2O

5. **Nombre los factores que modifican la velocidad de combustión.**

    ▌ El estado del combustible (líquido, sólido o gaseoso).
    ▌ La humedad del combustible.
    ▌ La cantidad de aire durante la reacción.
    ▌ Otros factores (como el diseño de la cámara de combustión, la presencia de suciedad y elementos no deseados, etc.).

6. **Cite tres tipos de combustiones en función de las proporciones de combustible y comburente en la reacción.**

   ▮ Combustión incompleta.
   ▮ Combustión completa.
   ▮ Combustión estequiométrica.

7. **Complete la oración.**

   La **deflagración** es una reacción de combustión a muy alta velocidad, en la que no se produce explosión. Durante el proceso la llama avanza mediante la **difusión térmica** de la energía. Este fenómeno se produce cuando el combustible es altamente inflamable.

8. **Desde el punto de vista de la eficiencia, se buscan combustiones con...**

   a. ... defecto de aire.
   b. **... el aire necesario.**
   c. ... exceso de aire.
   d. Las opciones b y c son correctas.

9. **El "coeficiente de exceso de aire" (n) es la relación entre la cantidad de aire introducida en el proceso de combustión y la necesaria. Un coeficiente de $n = 1$ indica...**

   a. **... que se trata de una combustión estequimétrica.**
   b. ... que se trata de una combustión con exceso de aire.
   c. ... que se trata de una combustión con defecto de aire.
   d. ... que la combustión ocurre a la presión de 1 atm.

10. **Además de las proporciones de CO_2 y oxígeno necesarios, ¿qué podemos calcular mediante un diagrama de combustión?**

    El exceso de aire.

11. **La línea que divide el diagrama de Ostwald en dos zonas, una para las combustiones con exceso de aire y otra para las combustiones con defecto de aire, recibe el nombre de...**

    a. ... línea de tierra.
    b. ... línea de combustión.
    c. **... línea de aire.**
    d. ... línea de activación.

12. **Rellene la tabla.**

    Diagrama de Ostwald, Diagrama de Keller, Diagrama de Kissel, Diagrama de Bunte.

Combustión completa	Combustión incompleta
Diagrama de Bunte	Diagrama de Ostwald
	Diagrama de Keller
	Diagrama de Kissel

13. **¿Qué diagrama se emplea para combustiones incompletas de gases?**

    El diagrama de Kissel.

    ¿Y para las combustiones completas?

    El diagrama de Bunte.

14. **¿De qué tres fuentes podemos obtener los combustibles líquidos?**

    Alcoholes, residuales y derivados del petróleo.

15. De las siguientes afirmaciones, indique cuál es verdadera o falsa.

a. El gasóleo C se emplea en instalaciones de calefacción.

☑ **Verdadero**
☐ Falso

b. El gas Grisú está formado principalmente por propano.

☐ Verdadero
☑ **Falso**

c. La cáscara de almendra se emplea como combustible para calderas de biomasa.

☑ **Verdadero**
☐ Falso

Solucionario Capítulo 3

1. **Las partes de un quemador para combustibles líquidos son:**

   ▪ Bomba de combustible.
   ▪ Boquilla de pulverización.
   ▪ Ventilador.
   ▪ Cabezal de combustión.
   ▪ Regulador de aire.
   ▪ Electroválvula.
   ▪ Fotocélula.
   ▪ Sistema de mando.

2. **¿Qué tipos de instalaciones de calefacción podemos encontrar según el tipo de fuente energética que emplee?**

   ▪ Calderas de carbón y leña.
   ▪ Calderas eléctricas.
   ▪ Calefacción solar.
   ▪ Bomba de calor.
   ▪ Calefacción por combustión líquida o gaseosa.

3. **Escriba la ecuación que establece el rendimiento que presenta una caldera.**

$$\eta = \frac{P_{util}}{P_{total}} \, x100$$

4. **¿Qué función desempeña la válvula de seguridad en una instalación de calefacción?**

   a. Disipar presiones excesivas en la instalación y caldera.
   b. Evitar el sobrecalentamiento de la caldera.
   c. Medir la temperatura a la que se encuentra el fluido térmico.
   d. Establecer un límite térmico máximo para la instalación y tuberías.

5. **En la siguiente imagen podrá ver una instalación de calefacción mediante emisores.**

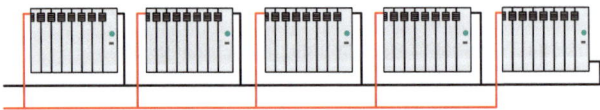

¿De qué tipo se trata? ¿Qué ventajas presenta respecto a otros tipos?

Se trata de una instalación bitubo para calefacción. La principal ventaja de este tipo de instalaciones es un mejor reparto térmico del calor producido en la caldera, ya que cada emisor dispone de su propia derivación de alimentación. En estas instalaciones todos los emisores trabajan a la misma temperatura, por lo que es más sencilla su regulación.

6. **¿Qué elemento básico de una instalación de producción de ACS facilita la circulación del fluido?**

    a. **La bomba de circulación.**
    b. La válvula.
    c. El contador.
    d. La llave de paso.

7. **Complete.**

Los **interacumuladores** de doble envolvente se emplean para instalaciones pequeñas, mientras que los **acumuladores** montan un intercambiador externo, que junto con la bomba hace que el agua circule por su interior para ser calentada.

Los **sistemas de expansión** se emplean para compensar la variación de volumen que sufre el fluido de la instalación al ser calentado o enfriado.

8. **¿Cuál es la función de los quemadores? ¿Y la de un intercambiador de calor?**

Preparar la mezcla de combustible y comburente para realizar la combustión en unas condiciones ideales.

¿Y la de un intercambiador de calor?

Realizar la transferencia de energía térmica resultante de la combustión, con el fluido térmico.

9. **Indique si es verdadero o falso. En caso de ser falso, corríjalo.**

Los tres métodos existentes para pulverizar los combustibles líquidos son por rotación, por precesión y por inyección.

Falso. Los tres métodos existentes para pulverizar los combustibles líquidos son por rotación, por inyección y por presión.

10. **¿Qué diferencia existe entre una caldera de vapor y otra sobrecalentada?**

La caldera de vapor trabaja con presiones de más de 10 bares y temperaturas comprendidas entre 200 °C y 400 °C, mientras que la caldera sobrecalentada se calienta como mucho hasta los 200 °C y presiones de hasta 20 bar.

11. **Cuando se dice que es una caldera atmosférica, quiere decir que trabaja...**

    a. ... con presiones medidas en atmósferas.
    b. ... con una circulación de aire de tiro natural.
    c. ... con sobrepresión atmosférica.
    d. ... con depresión atmosférica.

12. Relacione.

      a. Intercambiador
      b. Depósito
      c. Pirotubular
      d. Quemador

      b. Acumulador
      c. Combustibles líquidos o gaseosos
      d. Sistema modular
      a. Tubular o de placas

13. ¿Qué diferencia existe entre un quemador todo-nada y otro modular?

En el sistema todo-nada, sea cual sea, las necesidades térmicas de la caldera siempre suministran el máximo potencial cuando está en marcha, mientras que en los sistemas modulares los quemadores tienen la capacidad de adaptarse a la necesidad térmica de la caldera regulando la cantidad de calor que suministran.

14. ¿Para qué tipo de calderas se emplean quemadores de parrilla?

      a. Calderas de combustibles sólidos.
      b. Calderas de combustibles líquidos.
      c. Calderas de combustibles gaseosos.
      d. Calderas atmosféricas o por presión.

Solucionario Capítulo 4

---

1. **Actualmente la mayoría de las bombas hidráulicas emplean rodetes de tipo...**

   a. ... radial.
   b. ... axial.
   c. ... semiaxial.
   d. ... radial 3D.

2. **¿Qué significa el término purgar?**

   Significa eliminar el aire del interior de un circuito o dispositivo por el que circula un fluido líquido para que no se produzcan pérdidas de presión.

3. **La siguiente imagen se corresponde con una bomba hidráulica. Indique de qué partes se compone. ¿Qué tipo de bomba representa?**

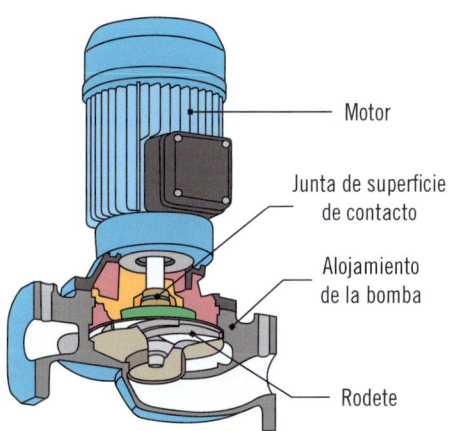

Motor

Junta de superficie de contacto

Alojamiento de la bomba

Rodete

Representa una bomba de rotor seco, ya que el rotor en ningún momento entra en contacto con el fluido.

4. **Indique si la siguiente afirmación es verdadera o falsa.**

Las bombas de varias etapas solo pueden ser de rotor húmedo y su construcción facilita la obtención de altas presiones.

Falso, las bombas de varias etapas solo pueden ser de rotor seco.

5. **¿Qué ecuación relaciona la variación de caudal con la presión de una instalación de ACS o calefacción?**

$$\eta = \frac{9,7}{10} \cdot 100 = 97\,\%$$

6. **¿Qué indica el punto de trabajo en un diagrama que representa la curva de trabajo de una bomba y su instalación?**

El punto de trabajo indica que la bomba trabaja a la presión necesaria para vencer la resistencia de la instalación.

7. **Las instalaciones de ACS generalmente se canalizan mediante...**

    a. ... sistemas monotubo.
    b. ... sistemas bitubo con retorno directo.
    c. ... sistemas bitubo con retorno invertido.
    d. Las opciones b y c son correctas.

8. **¿Qué fluido se emplea normalmente los sistemas de ACS calentada por medio de colectores solares?**

    a. Aceites.
    b. Agua.
    c. Agua mezclado con líquido anticongelante.
    d. Agua tratada con ablandadores y sistemas antiimpurezas.

9. Relacione.

- a. Radiador monotubo
- b. Bomba de rotor húmedo
- c. Sistema de doble tubo híbrido
- d. Colector solar

- **c.** Válvula de tres vías
- **d.** Glicol
- **b.** Cápsula
- **a.** Llave de entrada y salida

10. Un buen aislamiento térmico de las tuberías que transportan fluido caliente reduce...

- a. ... un 30 % las pérdidas de calor.
- **b. ... un 70 % las pérdidas de calor.**
- c. ... un 90 % las pérdidas de calor.
- d. ... un 30 % la posibilidad de fugas.

11. ¿Qué tipo de pérdidas son aquellas que se producen por el contacto de la tubería con una masa de fluido a distinta temperatura?

Pérdidas por convección.

12. Nombre al menos tres características que presenta la fibra de vidrio como aislante de tuberías.

- Incombustible: la naturaleza de este material lo hace resistente al fuego y evita su propagación.
- Higiénico: la lana de vidrio no crea hongos ni bacterias y alarga la vida útil de la tubería.
- Ligero: es el material aislante más ligero.
- Evita la corrosión: la fibra de vidrio no se corroe, lo que permite alargar la vida útil de la tubería que protege.
- Flexible: se adapta con facilidad a cualquier geometría que presente la instalación.
- Bajo mantenimiento: la fibra de vidrio se caracteriza por su larga vida útil, lo que hace que prácticamente no se necesite mantenimiento.

13. ¿Qué tres misiones puede desempeñar una válvula?

I Control de la instalación regulando caudales y presiones.
I Aislar diferentes tramos dentro de una instalación.
I Proteger la instalación contra sobrepresiones y depresiones.

14. La válvula que realiza su cierre o apertura mediante un disco giratorio, donde la apertura se realiza colocando la compuerta en línea y perpendicular para el cierre, se denomina...

a. ... válvula de compuerta.
b. ... válvula de mariposa.
c. ... válvula de bola.
d. ... válvula de asiento plano.

15. Complete las oraciones.

La misión del **ablandador** es la de eliminar la dureza del agua y evitar la aparición de incrustaciones debido a los iones de calcio y magnesio presentes en el agua.

El equipo **desgasificador** es el encargado de eliminar del agua los gases que esta pudiera contener, principalmente oxígeno y dióxido de carbono.

Solucionario Capítulo 5

1. **¿Qué es la inercia térmica?**

   La inercia térmica es la cantidad de calor que puede conservar un cuerpo.

2. **La cantidad de radiación que un elemento o superficie es capaz de emitir debido a la diferencia de temperatura existente entre esta y el fluido de su entorno recibe el nombre de...**

   a. ... emitancia.
   b. ... transmisividad.
   c. ... emisividad.
   d. ... irradiancia.

3. **Relacione.**

   a. Radiador aluminio
   b. Radiador fundición
   c. Radiador acero

   <u>**c.**</u> Corrosión
   <u>**a.**</u> Económico
   <u>**b.**</u> Pesado

4. **¿Qué mecanismo de transferencia térmica emplean los fancoils? ¿Y los radiadores? ¿Y el suelo radiante?**

   Los sistemas fancoils emplean un mecanismo de transferencia térmica por convección, los radiadores además emiten parte de la energía en forma de radiación y el suelo radiante emplea como mecanismo principal la transmisión de calor por radiación.

5. **Identifique las partes del siguiente sistema. ¿De qué sistema se trata? ¿Qué mecanismo de transmisión de calor emplea dicho sistema? ¿Qué desventajas encuentra en estos sistemas?**

Unidad Fan Coil

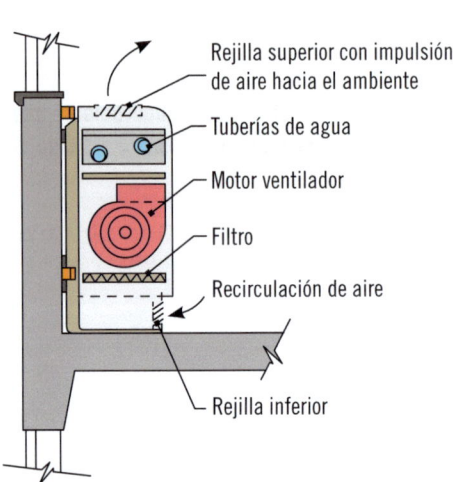

- Rejilla superior con impulsión de aire hacia el ambiente
- Tuberías de agua
- Motor ventilador
- Filtro
- Recirculación de aire
- Rejilla inferior

Se trata de un sistema de calefacción fancoils vertical. El mecanismo de transmisión de calor es fundamentalmente por convección. Las desventajas que presentan estos sistemas son:

- Elevado coste.
- Emisión de ruido.
- El aire del interior de la estancia está en movimiento, creando molestas brisas.
- Reparto del calor desigual para geometrías irregulares, creando saltos térmicos apreciables.

6. **¿Qué diferencia existe entre un sistema de calefacción por radiador y un fancoils?**

En el caso del radiador, el intercambio de calor entre el fluido térmico y el ambiente se realiza por la circulación natural del aire, mientras que en los sistemas fancoils un ventilador es el encargado de forzar la circulación del aire a través del intercambiador de calor.

7. El suelo radiante...

    a. ... realiza un reparto desigual del calor.

    b. ... presenta una emisividad muy baja.

    c. ... concentra mayoritariamente el calor en la parte alta de la estancia.

    d. Todas las opciones son incorrectas.

8. Realice un esquema que recoja el funcionamiento del sistema de calefacción por suelo radiante.

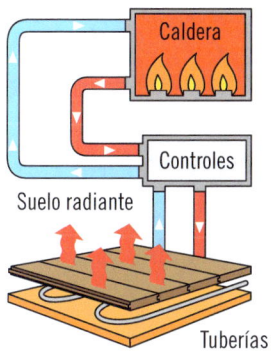

9. En la siguiente sopa de letras podrá encontrar ocho términos estudiados, búsquelos.

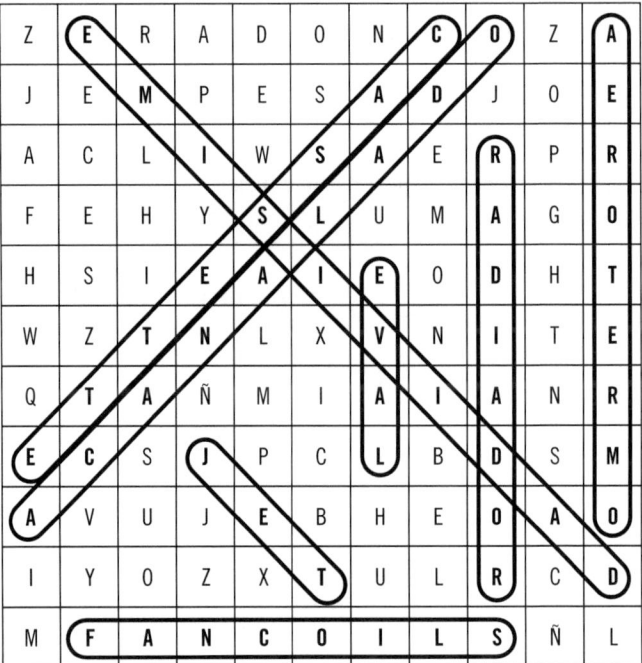

10. ¿Qué elementos componen una instalación de suelo radiante?

▮ Red de tuberías.
▮ Recubrimiento.
▮ Aislamiento térmico.
▮ Dispositivos de control y regulación.

11. ¿Cuáles son las funciones que realiza un aditivo fluidificante?

1. Retardar el tiempo de fraguado para reducir o eliminar el contenido de aire o burbujas en el interior del mortero, consiguiendo una mejor compactación del mismo.
2. Mejorar la fluidez del mortero para ganar en trabajabilidad y asegurar un recubrimiento total de las tuberías del circuito.
3. Conferir cierto grado de elasticidad al mortero. Cuando se hace pasar agua caliente por los circuitos, se aumenta la temperatura del mortero, produciendo dilataciones térmicas que pueden generar grietas o fisuras. Con el fluidificante se reducen estos inconvenientes.

12. Los colectores que se basan en la unión de tantos elementos de impulsión y retorno como sean necesarios, y que permite obtener un gran número de combinaciones en un espacio muy reducido reciben el nombre de...

a. ... colectores universales.
b. ... colectores en bloque.
c. ... colectores modulares.
d. ... colectores no modulares.

13. ¿Qué función realiza un colector en una instalación de suelo radiante?

La función de los colectores en instalaciones de suelo radiante es la de ramificar en varios circuitos la instalación de calefacción.

14. ¿Qué tubería empleada en instalaciones de suelo radiante emplea una capa de aluminio como barrera impermeable al paso del oxígeno?

a. Las tuberías de polietileno reticulado.
b. Las tuberías multicapas.
c. Las tuberías de polibutileno.
d. Las tuberías EVAL.

15. Complete la siguiente imagen.

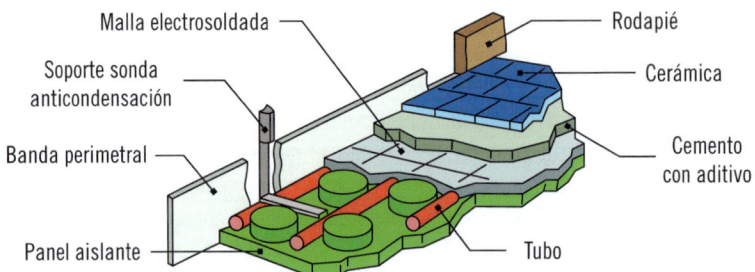

Malla electrosoldada

Soporte sonda anticondensación

Banda perimetral

Panel aislante

Rodapié

Cerámica

Cemento con aditivo

Tubo

Solucionario Capítulo 6

1. ¿Qué es la temperatura de consigna?

Es el valor de referencia térmico que el usuario desea establecer en una instalación.

2. Complete.

3. Un termostato de ambiente es:

a. Una válvula.
b. Un sensor.
c. Un variador de frecuencias.
d. Todas las opciones son incorrectas.

4. ¿Qué sistema se puede emplear para limitar las posibilidades de daño de la instalación en el caso de sobrepasar las temperaturas de funcionamiento estimadas en los depósitos de agua caliente para instalaciones con colectores solares?

Sensores térmicos en el interior de los depósitos.

5. Indique si la siguiente afirmación es verdadera o falsa. Corríjala en caso de ser falsa.

Las válvulas son dispositivos que permiten regular la velocidad del caudal a través de una tubería o sistema. En las instalaciones de ACS las válvulas de regulación pueden ser motorizadas o presostáticas.

Falso. Las válvulas son dispositivos que permiten regular el paso de un caudal a través de una tubería o sistema. En las instalaciones de ACS las válvulas de regulación pueden ser motorizadas o termostáticas.

6. El detentor es:

    a. Una válvula que se encuentra a la entrada del radiador.
    b. Un sensor de temperatura en el depósito de acumulación.
    c. Una válvula que se encentra a la salida del radiador.
    d. Una válvula que se encuentra a la entrada del depósito acumulador.

7. A continuación se muestra una imagen. Complétela e indique a qué esquema se corresponde. Explique brevemente su funcionamiento.

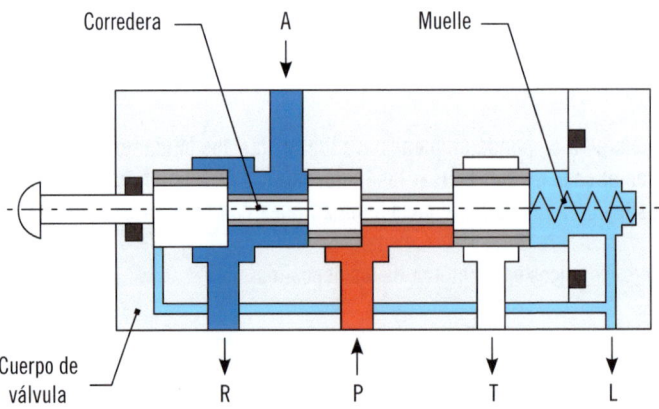

Se trata del esquema de una válvula de cuatro vías. Su funcionamiento se basa en un mecanismo de corredera que, accionado por un muelle y un circuito secundario (L), abre o cierra las compuertas de cuatro vías o conductos (A, R, P, T).

8. **Los equipos que incorporan, además de un sensor de tipo termostato, un programador que permite establecer tanto la temperatura de funcionamiento del sistema como el horario, reciben el nombre de...**

    a. ... termostato programable.
    b. ... central dc control térmico.
    c. ... cronotermostato.
    d. ... sonda termostática.

9. **Identifique los siguientes dispositivos.**

1.

2.

3.

    1. Válvula motorizada.
    2. Válvula termostática.
    3. Detentor.

10. **¿Para qué sirve un variador de frecuencias?**

Los variadores de frecuencia permiten variar la velocidad de circulación del fluido térmico a través de la caldera o colector térmico.

11. Además del variador de frecuencias, ¿cómo se puede ajustar el funcionamiento de una bomba a la demanda energética?

Se puede ajustar de tres modos:

1. Estableciendo en la bomba una presión de suministro constante, pero modificando el caudal que pasa por la misma.
2. Estableciendo una presión variable dependiente del caudal, de forma que cuando el caudal se modifique también lo haga la presión para ajustarse a la demanda.
3. Estableciendo una presión variable, pero independiente del caudal, de forma que tanto el caudal como la presión se ajustan de forma independiente a la demanda del sistema.

12. Indique si la siguiente afirmación es verdadera o falsa. En caso de ser falsa, corríjala.

La telegestión es una herramienta que permite controlar y gestionar los sistemas de una vivienda de manera directa a través de una red de comunicaciones.

Verdadero.

13. ¿Qué elementos componen un sistema básico de telegestión?

- Un ordenador o CPU que trabaje con la interfaz de la instalación y actúe como puente entre las señales digitales del usuario y la instalación.
- Actuadores y sensores, son los dispositivos que al recibir la señal correspondiente actúan sobre la instalación o mandan una señal hacia el usuario.
- La interfaz muestra las señales recibidas por los sensores y las presenta en una pantalla gráfica, de forma que facilita su análisis.
- Dispositivos inalámbricos y conexión a internet o cualquier sistema de telecomunicaciones, son los dispositivos y los medios encargados de enviar la señal hacia el usuario ubicado en una zona remota.
- Mando del usuario, el usuario mediante su teléfono móvil, tableta u ordenador conectado a la red de telecomunicaciones puede actuar, controlar, gestionar o consultar cualquier parámetro de la instalación.

14. ¿Qué dos dispositivos de control puede instalar un radiador?

Un detentor y una válvula termostática.

15. Las válvulas termostáticas actúan gracias a la...

    a. ... acción de un servomotor.
    b. ... acción de un elemento sensible a los cambios de temperatura.
    c. ... acción de una central de control motorizada.
    d. ... acción de un cronotermostato.

Solucionario Capítulo 7

1. **¿Para qué se emplea el balance de masa en el estudio de eficiencia energética?**

   El balance de masa se emplea en el estudio de eficiencia energética para determinar la composición y el caudal de los elementos circulantes por el interior de la instalación.

2. **¿Qué factores influyen principalmente en las pérdidas de calor en una red de distribución por tuberías?**

   ■ El diámetro de la tubería.
   ■ El material de la tubería.
   ■ La velocidad de circulación del fluido por el interior de la tubería.
   ■ El material aislante y su espesor.
   ■ El trazado de la red de tuberías.

3. **Indique si la siguiente afirmación es verdadera o falsa. En caso de que sea falsa, corríjala.**

   Un inadecuado control en las instalaciones de calor aumenta considerablemente el consumo energético, haciéndolo muy ineficiente.

   Verdadera.

4. **La energía térmica de una instalación de calefacción se puede contabilizar mediante...**

   a. ... contadores de presión.
   b. ... contadores electromagnéticos y de ultrasonidos.
   c. ... contadores de ultrasonidos y mecánicos.
   d. **... evaporadores y caudalímetros.**

5. **¿Qué consumos se pueden contabilizar en instalaciones de calefacción y ACS centralizadas para edificios?**

   I La cantidad de ACS que consume el acumulador centralizado.
   I El consumo de agua de la red.
   I La cantidad de energía térmica (potencia) consumida por el generador o caldera.

6. **¿De qué tipo pueden ser los contadores de agua?**

   a. Fijos o estáticos.
   b. **Estáticos o mecánicos.**
   c. De ultrasonidos y electromagnéticos.
   d. De tipo evaporador.

7. **Las instalaciones que cuenten con bomba de calor tienen limitado el uso de la energía convencional, salvo aquellas que cuentan con una relación de potencia...**

   a. ... superior a 2 kw.
   b. **... inferior o igual a 1,2.**
   c. ... superior o igual a 1,3 kwh.
   d. ... inferior o igual a 1,3.

8. **¿Qué es la temperatura operativa?**

   La temperatura operativa es el valor medio entre el valor de la temperatura radiante de un recinto y la temperatura seca del aire.

9. **La humedad relativa idónea en invierno para una temperatura operativa de 22 °C es del...**

   a. **... 40-50 %.**
   b. ... 50-60 %.
   c. ... 45-60 %.
   d. ... 30-50 %.

10. **¿Qué dos tipos de sistemas pueden emplearse para hacer circular el aire por el interior de una estancia?**

- Sistemas de difusión por mezcla.
- Sistemas de difusión por desplazamiento.

11. **Relacione.**

   a. HS 3
   b. Documento Básico HR
   c. UNE-EN ISO 7730

   c. Calidad térmica del ambiente
   a. Calidad e higiene del aire interior
   b. Calidad del ambiente acústico

12. **¿Qué acciones deben llevarse a cabo en las cocinas para eliminar los vapores y contaminantes producidos por la actividad de cocinar?**

Instalar sistemas de ventilación (o extracción) forzada independientes.

13. **¿Por qué se limita la velocidad de circulación del fluido por el interior de un conducto en las instalaciones de edificios?**

   a. Para evitar ruidos generados por las vibraciones.
   b. Para evitar pérdidas de eficiencia.
   c. Para evitar pérdidas de calor entre el fluido y la pared del conducto.
   d. Para reducir la potencia de la bomba suministradora.

14. **Según la Organización Mundial de la Salud (OMS), ¿a partir de qué nivel de ruido se considera perjudicial para la salud?**

   a. 65 dB.
   b. 45 dB.
   c. 55 dB.
   d. 120 dB.

15. ¿Qué documento determina el caudal mínimo de ventilación en las estancias de un edificio?

El Código Técnico de la Edificación (CTE), en la sección HS 3.

Solucionario Capítulo 8

1. **¿En qué casos se puede disminuir el porcentaje de contribución solar mínima de manera justificada?**

    1. La instalación del edificio cubre parte de la aportación térmica de agua caliente mediante el empleo de recuperadores de calor de otras tecnologías renovables empleadas en el edificio.
    2. Cubrir la demanda energética supone sobrepasar los criterios de cálculo expuestos por la legislación de carácter básico aplicable.
    3. Edificios cuya situación permite un acceso muy limitado a las horas de sol y su instalación resulta inviable.
    4. En el caso de ser un edificio rehabilitado cuya configuración no permite la utilización de tecnologías solares o la normativa urbanística lo prohíbe.
    5. Edificios de nueva construcción donde la normativa urbanística impide la colocación de la superficie captadora necesaria.
    6. En aquellos casos en los que se dictamine la protección histórico-artística del edificio, por parte del órgano competente.

2. **¿De dónde se obtiene el porcentaje de contribución solar mínima?**

    Se obtiene de la división entre la cantidad de energía entregada por la instalación solar y la demanda energética del sistema.

3. **El caudal mínimo (dm^3/s) de ACS para un lavavajillas doméstico es de...**

    a. ... 0,10
    b. ... 0,065
    c. ... 0,2
    d. ... 0,15

4. **¿Cuáles son las tres situaciones que diferencia el CTE para establecer los límites de pérdidas en una instalación solar?**

    ▎ General.
    ▎ Superposición.
    ▎ Integración arquitectónica.

5. **Indique si la siguiente afirmación es verdadera o falsa. Corríjala en caso de ser falsa.**

Una instalación solar para Agua Caliente Sanitaria correctamente diseñada y dimensionada debe presentar un rendimiento mínimo anual superior al 50 %. Además, la instalación deberá mostrar un rendimiento inferior al 80 % en los meses para los que ha sido diseñada.

Falsa. Una instalación solar para Agua Caliente Sanitaria correctamente diseñada y dimensionada debe presentar un rendimiento mínimo anual superior al 40 %. Además, la instalación deberá mostrar un rendimiento superior al 20 % en los meses para los que ha sido diseñada.

6. **¿Qué acciones se pueden llevar a cabo para mejorar el rendimiento mínimo anual?**

  ▌ Aumentar la superficie de captación.
  ▌ Mejorar la orientación e inclinación de la superficie captadora.
  ▌ Disminuir las pérdidas por sombras.
  ▌ Emplear una tecnología captadora de mayor rendimiento.

7. **Un correcto conexionado de los captadores solares...**

  a. ... aumenta la presión del sistema.
  b. ... aumenta el salto térmico de la instalación.
  c. ... se consigue al equilibrar hidráulicamente el sistema.
  d. ... aumenta la duración y rendimiento del equipo solar.

8. **Siempre que se pueda, las instalaciones de ACS que emplean tecnologías solares deberán instalar un único depósito en posición...**

  a. ... horizontal.
  b. ... vertical.
  c. ... dual.
  d. Es indiferente.

9. Si se tiene una superficie captadora de 150 m², ¿cuál sería la potencia mínima del intercambiador de calor independiente?

$$P > 500 \cdot A$$

$P = 500 \cdot 150 = 75.000 \text{ W} = 75 \text{ kW}$

    a. 40 kW
    b. **75 kW**
    c. 60 kW

10. Según el Código Técnico de la Edificación, los tramos de tubería colocados horizontalmente tendrán una pendiente...

    a. ... de 10º.
    b. ... del 10 %.
    c. **... del 1 %.**
    d. ... de 2 cm.

11. ¿Qué recoge cada uno de los siguientes documentos del CTE?

    ▪ Documento Básico HS 4: Salubridad en el suministro de agua para edificios.
    ▪ Documento Básico HE 4: Contribución solar mínima.

12. ¿Qué ocurre con el caudal y la temperatura en el conexionado en serie y paralelo de los captadores solares?

En las conexiones en serie de captadores el caudal permanece constante y la temperatura se suma.

En las conexiones en paralelo de captadores la temperatura permanece constante y el caudal se suma.

13. En instalaciones pequeñas la bomba hidráulica no deberá presentar una potencia superior...

    a. ... a 50 W.

    b. ... a 45 kW.

    c. ... a 50 kW.

    d. ... al 1 % de la potencia calorífica.

14. Complete.

Los sistemas de apoyo o **auxiliares** deben instalarse en el circuito **secundario** y nunca en el **primario,** puesto que en caso contrario se producirían pérdidas térmicas y consumos energéticos excesivos.

Solucionario Capítulo 9

1. **¿En qué casos se deben instalar contadores en una instalación térmica además del contador de entrada de agua fría de la red?**

   ▮ En sistemas de producción de ACS centralizados o individuales.
   ▮ Para la calefacción, ya sea mediante caldera o sistema solar.
   ▮ Contador de combustible convencional.

2. **Complete la tabla para los contadores de agua.**

Contador	Temperatura mín.	Temperatura máx.
Agua fría	0 °C	30 °C
Agua caliente	30 °C	90 °C

3. **¿Qué tipo de contador representa el siguiente esquema? Complételo.**

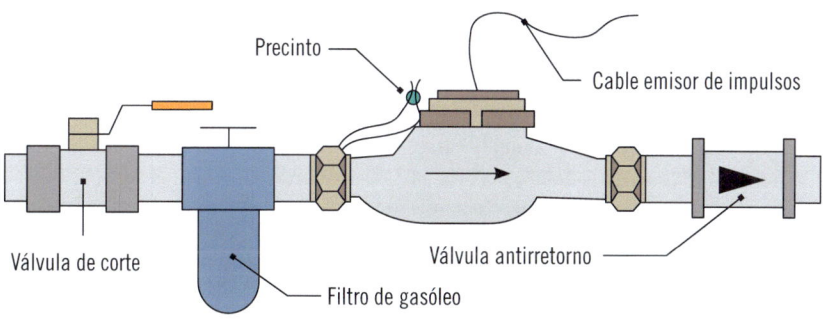

Se trata del esquema de un contador de combustible líquido.

4. Enuncie la ecuación del método directo para medir el rendimiento a través del caudal de agua que entra en la caldera, así como su temperatura de entrada y salida.

$$\mu = \frac{\dot{m} \cdot Cp \cdot \Delta T}{F \cdot PCI}$$

5. ¿Qué dispositivo monta un contador de energía térmica para realizar la lectura?

   a. Un caudalímetro.
   b. Una sonda de temperatura en el circuito de impulsión y otra en el de retorno.
   c. Un equipo de medida.
   d. **Todas las opciones son correctas.**

6. ¿Qué parámetros se deben medir para establecer la eficiencia energética en una instalación de ACS o calefacción?

   ▌ La cantidad de electricidad o combustible consumido.
   ▌ La cantidad de calor aportada al sistema de calefacción.
   ▌ La cantidad de calor aportada al sistema de ACS.
   ▌ La cantidad de energía solar aportada al sistema de ACS o calefacción.

7. Complete.

   El rendimiento estacional anual (REA): es el resultado de dividir la energía térmica útil (Eu) producida durante un año entre la energía suministrada (Es) al generador térmico.

8. ¿Qué significan las siglas CS y cómo se obtiene?

   Las siglas CS se refieren al grado de Cobertura Solar y se obtiene de dividir la energía solar útil (Esu) entre la energía útil aprovechada en el edificio (Eu).

$$CS = \frac{Esu}{Eu} \times 100$$

9. **¿Mediante qué dos métodos se puede calcular el rendimiento de un generador? Explique brevemente cada método.**

El rendimiento de un generador de calor se puede calcular mediante el método directo o método indirecto.

- El método directo, que se obtiene por la medición del calor del agua antes y después del proceso de intercambio térmico, y la determinación del poder calorífico del combustible que se ha empleado en el proceso.
- El método indirecto, donde el rendimiento se obtiene mediante un balance energético del proceso de combustión, así como del intercambio de calor del fluido y combustible.

10. **¿Es posible obtener rendimientos superiores al 100 % en calderas?**

   a. No, nunca.
   b. Sí, en todas.
   c. Sí, en calderas de condensación con aprovechamiento del calor latente del aire de entrada.
   d. **Sí, en calderas de condensación con aprovechamiento del calor latente del humo de salida.**

11. **Complete la oración.**

El _____ es el proceso de combustión donde el calor que absorbe el agua para su condensación no es aprovechado.

   a. poder calorífico superior
   b. **poder calorífico inferior**
   c. poder calorífico medio
   d. poder calorífico registrado

12. Complete la siguiente tabla de los valores estándares de pérdidas experimentales en el cuerpo de las calderas.

Calderas de alta temperatura	Entre 0,5 – 2 %
Calderas de baja temperatura	Entre 1,5 – 5 %

13. Nombre, al menos, cinco condiciones que debe reunir la instalación térmica para la toma de medida de forma correcta.

1. La lectura de las medidas se realizará a los 5 min de funcionamiento de la caldera.
2. El estudio de los gases de escape de la caldera se ha de llevar a cabo con esta funcionando a plena potencia durante el proceso de medición.
3. En instalaciones mixtas donde la caldera alimente tanto al circuito de ACS como al de calefacción, la lecturas de las medidas se llevarán a cabo funcionando a máxima potencia en el que requiera una mayor demanda energética (generalmente el circuito de ACS).
4. Las puertas y ventanas del cuarto de máquinas deberán estar cerradas, simulando las condiciones de funcionamiento normales.
5. A la hora de realizar las mediciones, la temperatura del agua de salida de la caldera deberá ser como mucho 10 °C inferior a la máxima del sistema.
6. El estudio de los gases de escape en calderas con quemadores atmosféricos y tiro natural, se debe realizar en el conductor vertical de evacuación a unos 15 cm del conducto de salida de la caldera.
7. La medida de los gases de escape en calderas estancas y tiro forzado se llevará a cabo en el orificio que el fabricante ha destinado a tal fin.
8. En las calderas de combustibles sólidos o con quemadores mecánicos, la medida de los gases se efectuará a una distancia de entre 0,5 y 1 m después de la caja de humos de la caldera.
9. Las calderas ubicadas en cocinas que cuenten con campanas extractoras, durante las mediciones deberán tener estas en funcionamiento.
10. Durante las mediciones térmicas, la sonda debe permanecer al menos 2 minutos en la posición de medida hasta que los valores se estabilicen.
11. Si la caldera o generador cuenta con recuperador de calor, las mediciones se llevarán a cabo en un punto posterior a este.

14. Complete la siguiente tabla de valores admisibles de emisión de gases CO y CO_2 para generadores que emplean gases como combustibles.

	Potencia nominal útil (kW)		
	Pu < 35	35 < Pu < 70	Pu >70
Gas natural, CO_2 (%)	> 4,5	> 5,5	> 8
Gas propano, CO_2 (%)	> 6	> 6,5	> 9
CO máximo (p.p.m)	500	500	500

15. El rendimiento de una bomba siempre será:

   a. **Inferior al 100 %.**
   b. Superior al 100 %.
   c. Igual al 100 %.
   d. Superior al 50 %.

Solucionario 2

Eficiencia energética en las instalaciones de climatización en los edificios

Solucionario Capítulo 1

1. **Indique si las siguientes afirmaciones son verdaderas o falsas:**

   a. El calor fluye de forma natural desde el foco frío hacia el foco caliente.

   ☐ Falso
   ☑ **Verdadero**

   b. La producción de frío es un fenómeno térmico consistente en portarle frío a un cuerpo.

   ☑ **Falso**
   ☐ Verdadero

   c. La rama de la física que estudia la relación de la entropía, el volumen y la temperatura y la presión, entre otras magnitudes, es la psicrometría.

   ☑ **Falso**
   ☐ Verdadero

2. **Enumere los tipos de procesos que se pueden utilizar para la producción de frío.**

   Son dos: procesos físicos y procesos químicos.

3. **¿Qué tipo de procesos para la producción de frío utilizan disoluciones salinas?**

   a. Procesos físicos
   b. Procesos naturales
   c. **Procesos químicos**
   d. Todas las opciones son correctas.

4. **¿Dentro de qué sistema se utiliza un fluido frigorígeno para generar el frío necesario para reducir la temperatura captando el calor del producto que se pretende enfriar?**

   Se utiliza dentro de los sistemas de elevación de la temperatura.

5. Explique el motivo por el que los procesos físicos usados por un sistema de refrigeración se consideran procesos termodinámicos.

Se consideran así porque el sistema vuelve a su situación inicial una vez que han llevado a cabo tales procesos, lo cual provoca un cambio en las propiedades termodinámicas del sistema.

6. Cuando se hace referencia a la cantidad de energía que se puede utilizar para producir un trabajo se está hablando de...

    a. ... entalpía.
    b. ... entropía.
    c. ... presión.
    d. ... volumen.

7. La unidad de medida de los focos de calor y del fluido caloportador se realiza habitualmente en...

    a. ... atmósferas.
    b. ... grados centígrados.
    c. ... grados kelvin.
    d. ... pascales.

8. ¿Qué elementos se encuentran obligatoriamente en un ciclo termodinámico?

    a. Un compresor
    b. Un foco caliente
    c. Un foco frío
    d. Las opciones b y c son correctas.

9. ¿Cuál es la finalidad de los principios termodinámicos?

Las leyes o principios de la termodinámica establecen la relación que existe entre las magnitudes físicas correspondientes a la entropía, la energía y la temperatura.

10. ¿Cuántas leyes de la termodinámica se cumplen en un ciclo termodinámico?

    a. Dos
    b. Tres
    c. Cuatro
    d. Seis

11. La ley de la termodinámica que establece que entre dos cuerpos que están a la misma temperatura no se produce intercambio de calor entre ellos es:

    a. La ley cero de la termodinámica
    b. La primera ley de la termodinámica
    c. La segunda ley de la termodinámica
    d. La tercera ley de la termodinámica

12. La ley de la termodinámica que afirma que ningún proceso es capaz de reducir la temperatura de un sistema hasta alcanzar el cero absoluto es:

    a. La ley cero de la termodinámica
    b. La primera ley de la termodinámica
    c. La segunda ley de la termodinámica
    d. La tercera ley de la termodinámica

13. Nombre al menos tres procesos termodinámicos atendiendo a la variación de las propiedades del sistema.

Son los siguientes:

- Procesos adiabáticos: no existe la transferencia de calor entre el fluido caloportador y los focos.
- Procesos isobáricos: no varía la presión del fluido caloportador.
- Procesos isocóricos: no varía el volumen del fluido caloportador.
- Procesos isoentálpicos: no varía la entalpía.
- Procesos isotérmicos: no varía la temperatura del fluido caloportador.

14. Explique en qué consiste el ciclo de Carnot inverso.

Es un ciclo básico en el que se establece que, si se comprime un fluido que lo permita, este cambiará de estado, pasando por los siguientes procesos:

- Expansión isotérmica
- Compresión adiabática
- Compresión isotérmica
- Expansión adiabática

15. ¿Qué ciclo de refrigeración utiliza como fluido caloportador el aire?

    a. Ciclo de Carnot inverso
    b. Ciclo de refrigeración por compresión
    c. Ciclo de Joule-Brayton
    d. Todas las opciones son incorrectas.

Solucionario Capítulo 2

1. **Indique si las siguientes afirmaciones son verdaderas o falsas:**

   a. La finalidad de los equipos de climatización es adecuar las estancias a los valores de confort definidos por los usuarios.

   ☐ Falso
   ☑ **Verdadero**

   b. Los equipos de climatización únicamente pueden trabajar en modo refrigeración.

   ☑ **Falso**
   ☐ Verdadero

   c. La climatización de una estancia únicamente tiene en cuenta la temperatura de esta.

   ☑ **Falso**
   ☐ Verdadero

2. **Enumere los factores que se engloban dentro del término *bienestar*.**

   Los factores son tres: aire, espacios y condiciones propias de las personas.

3. **Complete la siguiente afirmación:**

   Climatizar consiste en conseguir que un **espacio** alcance las **condiciones** de **confort** para que los **usuarios** que se encuentren en ella estén **cómodos**.

4. **¿Dentro de qué valores se establece el calor propio que puede generar una persona?**

   a. Entre 150 y 250 W
   b. Entre 1.500 y 2.500 W
   c. **Entre 80 y 150 W**
   d. Las personas no generan calor.

5. **Enumere las unidades que conforman un sistema de calefacción.**

Son las siguientes: sistema de generación de frío, elementos de transporte o tratamiento, elementos terminales, y equipos de control y regulación.

6. **En los métodos de transporte de calor el sistema utilizado para permitir que el mismo equipo pueda generar calor y frío al mismo tiempo es el sistema de...**

 a. ... una tubería.
 b. ... dos tuberías.
 c. ... tres tuberías.
 d. **... cuatro tuberías.**

7. **¿Cuál es la parte de la unidad de tratamiento de aire (UTA) encargada de retener los virus, bacterias y las partículas del aire, y purificarlo?**

 a. Entrada de aire
 b. Intercambiadores
 c. **Filtros**
 d. Ventiladores

8. **Los equipos utilizados en la climatización para la generación de frío pueden trabajar en...**

 a. ... un ciclo de contención.
 b. ... un ciclo de compresión.
 c. ... un ciclo de absorción.
 d. **Las opciones b y c son correctas.**

9. **¿Cuál es la finalidad de las válvulas de cuatro vías?**

Las válvulas de cuatro vías son los elementos que permiten que un equipo sea reversible, que pueda funcionar en modo refrigeración o calefacción.

10. Enumere los elementos que componen un circuito frigorífico.

Los elementos son: compresor, condensador, evaporador, filtro deshidratador, tomas de presión o de interconexión, válvula de expansión y válvula inversora.

11. Los sistemas que albergan todos sus componentes en una misma unidad y que están diseñados para ser instalados en los falsos techos o terrazas son...

    a. ... **los sistemas centralizados aire – aire.**
    b. ... los sistemas centralizados aire – agua.
    c. ... los sistemas centralizados agua – agua.
    d. ... los sistemas centralizados agua – aire.

12. Explique el funcionamiento de una bomba de calor.

El funcionamiento consiste en absorber el calor en el evaporador, captando la energía del exterior del sistema, para, mediante el compresor y gracias al aporte de energía eléctrica, aumentar la presión del gas. Este gas pasa al condensador, donde cede calor al foco caliente, y pasa de estado gaseoso a líquido. El líquido es enviado a la válvula de expansión, en la cual se reduce la presión.

13. Las válvulas que controlan automáticamente el caudal y la temperatura del fluido refrigerante, abriendo o cerrando los circuitos según las condiciones que deba tener el elemento refrigerante, son...

    a. ... las válvulas termostáticas.
    b. ... las válvulas termobáricas.
    c. ... las válvulas termoeléctricas.
    d. **Las opciones a y c son correctas.**

14. Explique por qué motivo las unidades de tratamiento de aire (UTA) no se pueden considerar equipos de climatización.

Las UTA tienen la característica de que no son equipos de climatización, ya que no pueden generar frío ni calor, por lo que necesitan un equipo adicional en el que se lleve a cabo la climatización o calefacción. Se comportan pues como equipos de tratamiento del aire, sea este frío o caliente.

15. ¿Qué real decreto establece que las torres de enfriamiento deben limpiarse y desinfectarse antes de ponerlas en marcha?

    a. Real Decreto 842/2002

    b. Real Decreto 39/1997

    c. Real Decreto 487/2022

    d. Todas las opciones son incorrectas.

Solucionario Capítulo 3

1. **Indique si las siguientes afirmaciones son verdaderas o falsas:**

   a. El aire es un elemento fundamental que se encuentra en todos los sistemas de climatización.

      ☐ Falso
      ☑ **Verdadero**

   b. En la distribución de aire no se debe controlar ni la temperatura ni el flujo.

      ☑ **Falso**
      ☐ Verdadero

   c. Los ventiladores son los elementos encargados de adecuar las características del aire a las condiciones establecidas.

      ☑ **Falso**
      ☐ Verdadero

2. **Enumere las características de los dos grandes grupos de ventiladores existentes.**

   Los dos grandes grupos y sus características son:

   ▮ Axiales: impulsan el aire en la misma dirección en la que giran las aspas.
   ▮ Centrífugos: impulsan el aire perpendicularmente al eje de rotación. Son los más usados cuando se debe impulsar el aire utilizando conductos.

3. **Complete la siguiente afirmación:**

   El **ventilador** es el **dispositivo** que **mueve** e **impulsa** el **aire** gracias al giro de las **aspas** que lleva asociadas.

4. El elemento cuya función es mantener centrado el eje del ventilador es...

    a. ... el soporte.
    b. ... el controlador.
    c. ... el cojinete.
    d. ... el motor.

5. Enumere las leyes de los ventiladores.

Son estas:

- El caudal: proporcional a la relación de velocidades.
- La presión: proporcional al cuadrado de la relación de velocidades de giro.
- La potencia absorbida: proporcional al cubo de la relación de velocidades de giro.

6. El ventilador asociado a un sistema de climatización debe seleccionarse...

    a. ... su curva característica.
    b. ... su caudal.
    c. ... su presión.
    d. Todas las opciones son correctas.

7. ¿Qué subcategoría de los ventiladores NO corresponde con la clasificación atendiendo a la presión a la que trabajan?

    a. Baja presión
    b. Media presión
    c. Presión ambiental
    d. Alta presión

8. Los ventiladores centrífugos se caracterizan por...

    a. ... proporcionar mayores caudales de aire con menores presiones de trabajo.
    b. ... proporcionar menores caudales de aire con menores presiones de trabajo.
    c. ... proporcionar mayores caudales de aire con mayores presiones de trabajo.
    d. ... proporcionar menores caudales de aire con mayores presiones de trabajo.

9. **Complete la siguiente afirmación:**

Los **ventiladores axiales** se denominan **helicoidales** por la forma (**helicoidal**) que tiene el aire de salir de ellos.

10. **Defina lo que se entiende por curva característica de un ventilador.**

Es una curva que se obtiene mediante ensayo en un laboratorio, en la que se relacionan la presión (P) que debe vencer el ventilador y el caudal (Q) de aire que tiene que impulsar.

11. **Cuanta mayor sea la presión que deba proporcionar un ventilador para compensar la pérdida de carga...**

    a. ... menor será el caudal desplazado.
    b. ... mayor será el caudal desplazado.
    c. ... mayor será el sistema de distribución.
    d. Todas las opciones son incorrectas.

12. **Enumere y explique las distintas presiones características de un ventilador.**

Las distintas presiones son estas:

- P_e: es la presión estática o presión del aire debida a su peso.
- P_d: es la presión dinámica debida a la velocidad del aire.
- P_t: es la presión total y se corresponde con la suma de las presiones estática y dinámica.

13. **¿En qué unidades se miden las presiones características de los ventiladores?**

    a. Pascales
    b. Bares
    c. Mm.c.d.a
    d. Todas las opciones son correctas.

14. ¿Qué nombre recibe el conjunto de curvas de presión, rendimiento y potencia absorbida de un ventilador?

    a. Curva de presiones
    b. Curva de trabajo
    c. Curva característica
    d. Todas las opciones son incorrectas.

15. ¿Qué curva es la que se representa habitualmente en los catálogos de los fabricantes?

    a. Curva de presión total
    b. Curva de presión dinámica
    c. Curva de presión estática
    d. Curva de presión longitudinal

Solucionario Capítulo 4

1. **Indique si las siguientes afirmaciones son verdaderas o falsas:**

    a. Los equipos terminales de climatización son los responsables de ceder el calor o el frío a las estancias que climatizar.

        ☐ Falso
        ☑ **Verdadero**

    b. Los equipos terminales no necesitan ser dimensionados a la estancia que climatizar, solo introducen aire en ella, sin tener en cuenta sus condiciones ambientales

        ☑ **Falso**
        ☐ Verdadero

    c. Los equipos terminales se usan exclusivamente en instalaciones industriales y en las de superficies que climatizar mayores a 500 m2.

        ☑ **Falso**
        ☐ Verdadero

2. **Las unidades de tratamiento de aire...**

    a. ... generan energía térmica.
    b. ... no procesan el aire.
    c. **... procesan el aire.**
    d. ... son obligatorias en todas las instalaciones de climatización.

3. **¿Cómo procedería en una instalación en la que el sistema de ventilación juega un papel importante?**

    Se podrían instalar unidades de impulsión *(forward)* y otras de retorno *(backward)* que impulsen el aire estrictamente necesario en la ubicación que climatizar.

4. Indique los distintos medios por los que se puede regular la humidificación de una ubicación.

Los distintos medios son:

- Agua a presión: se pulveriza agua de la red sobre el flujo de aire mediante inyectores. Puede presentar problemas debido a la cal existente en el agua de la red.
- Fieltro o malla: se humedecen los elementos, de forma que, al ser atravesados por el aire, adquieren la humedad necesaria.
- Resistencia eléctrica: una bandeja de agua que incorpora una resistencia eléctrica evapora el agua que se mezcla con el aire del habitáculo.

5. La sección de las unidades de tratamiento de aire encargada de introducir en el sistema de climatización la misma cantidad de aire que la expulsada es...

a. ... la sección de humidificación.
b. ... la sección de intercambiador.
c. ... la sección de mezcla.
d. ... la sección de ventiladores.

6. Los *fancoils* únicamente pueden suministrar...

a. ... aire caliente.
b. ... aire sin tratar.
c. ... aire frío.
d. Las opciones a y c son correctas.

7. ¿Qué elemento NO se encuentra integrado en el *fancoil?*

a. El filtro
b. La batería de intercambio
c. El termostato
d. La bandeja de recogida de la condensación

8. El elemento encargado de cortar la circulación del agua a través del intercambiador en un *fancoil* es:

    a. La batería de intercambio.
    b. El chasis.
    c. El termostato.
    d. La válvula de tres vías.

9. Complete la siguiente afirmación:

Los **inductores** son unidades **similares** a los *fancoils*, con la diferencia de que no **incorporan** un **ventilador** para el movimiento de aire.

10. Defina los dos circuitos de aire que se pueden encontrar en un sistema de inducción.

Circuito primario: en él el aire presenta una alta presión y una gran velocidad. Este aire se introduce en el interior del equipo y se hace pasar por las toberas para crear una depresión, debida al efecto Venturi. El aire de este circuito es el que proviene de la unidad de tratamiento de aire con las condiciones definidas en la UTA.

Circuito secundario: aire de la ubicación que climatizar que se hace pasar por la batería de intercambio, de forma que se mezclan en el interior del inductor y se distribuye por el habitáculo que climatizar.

11. Una ventaja que presentan los equipos inductores sobre los *fancoils* es que...

    a. ... es obligatorio el uso de gas como refrigerante.
    b. ... incorporan un ventilador para la impulsión del aire.
    c. ... tienen un mayor nivel sonoro.
    d. ... tienen un menor nivel sonoro.

12. El efecto térmico del aire en un espacio cerrado debido a la diferencia de densidad entre el aire frío y el caliente se denomina...

    a. ... aireación.
    b. ... autoinducción.
    c. ... estratificación.
    d. ... inducción.

13. La transferencia de calor por contacto directo entre los cuerpos se conoce como...

    a. ... conducción.
    b. ... radiación.
    c. ... baremación.
    d. ... convección.

14. Los techos radiantes utilizan como medio de transmisión del calor...

    a. ... la conducción.
    b. ... la convección.
    c. ... la radiación.
    d. Todas las opciones son correctas.

15. Cuanta mayor sea la superficie que ocupe un techo radiante...

    a. ... menor cantidad de calor se transmitirá por radiación.
    b. ... mayor cantidad de calor se transmitirá por radiación.
    c. ... menor cantidad de calor se transmitirá por conducción.
    d. ... mayor cantidad de calor se transmitirá por conducción.

Solucionario Capítulo 5

1. **Indique si las siguientes afirmaciones son verdaderas o falsas:**

   a. La regulación y el análisis de las condiciones de trabajo de los equipos y de las condiciones de confort son aspectos básicos que se deben estudiar en un sistema de climatización.

      ☐ Falso
      ☑ **Verdadero**

   b. Los sistemas de regulación y control necesitan que haya siempre una persona en la instalación para llevar a cabo los cambios de funcionamiento.

      ☑ **Falso**
      ☐ Verdadero

   c. La telegestión permite regular las condiciones del sistema de climatización, pero debe hacerse con una persona presente en la instalación.

      ☑ **Falso**
      ☐ Verdadero

2. **Enumere los distintos tipos de elementos que integran un sistema de regulación o control.**

   Los elementos son:

   ▌ Sensor: dispositivo que vigila el parámetro que controlar y que le envía la información al controlador. Los sensores más habituales son los termómetros, manómetros y otros equipos de medida de magnitudes.
   ▌ Controlador: dependiendo de la información emitida por los sensores, y de acuerdo con los parámetros consignados en el sistema, realiza distintas acciones, que trasladará a los actuadores asociados.
   ▌ Actuador: dispositivo que recibe la señal del equipo de control o controlador y que modifica el elemento asociado a este.
   ▌ Dispositivo controlado: elemento de la instalación sobre el que actúa el actuador para alcanzar las condiciones establecidas por el controlador. Los dispositivos controlados más habituales son los ventiladores, las compuertas y cualquier otro elemento que intervenga en la instalación.

3. **Los valores predefinidos en un controlador de gestión de un sistema de climatización se conocen como...**

    a. ... valores sistémicos.
    b. ... valores de actuación.
    c. ... valores de consigna.
    d. ... valores integradores.

4. **Enumere al menos tres formas de clasificar un sistema de control atendiendo a su arquitectura.**

Las distintas formas son: sistema localizado, sistema distribuido, sistema de climatización, sistema centralizado y sistema centralizado/distribuido.

5. **El sistema en el que cada parte de la instalación cuenta con un punto de control, además de realizarse un control centralizado de todo el sistema de climatización, es...**

    a. ... el sistema localizado.
    b. ... el sistema centralizado.
    c. ... el sistema distribuido.
    d. ... el sistema centralizado/distribuido.

6. **Complete la siguiente afirmación:**

Los **controladores** podrán ser **manuales** si los cambios sobre el **sistema** los realiza el usuario o **automáticos** si se realizan atendiendo a una **programación** previamente **establecida.**

7. **Los equipos encargados de controlar la temperatura de la estancia y accionar el sistema de refrigeración según el valor registrado son...**

    a. ... los higrostatos.
    b. ... los caudalímetros de aire.
    c. ... los termómetros digitales.
    d. ... los termostatos.

8. **¿Qué equipos de control se pueden considerar como traductores de las magnitudes físicas en eléctricas?**

    a. Los caudalímetros
    b. Los termostatos
    c. Los sensores
    d. Los ventiladores

9. **Los sensores que determinan el caudal que circula por un conducto atendiendo a la corriente de aire del conducto y del campo magnético generado son...**

    a. ... los sensores electromagnéticos.
    b. ... los sensores ultrasónicos.
    c. ... los transductores capacitivos.
    d. ... los transductores inductivos.

10. **Complete la siguiente afirmación:**

Los sistemas de **climatización** por **volumen** de aire **variable** (**VAV**) son aquellos en los que se **regula** el **caudal** de aire dependiendo de la **temperatura** deseada.

11. **Defina lo que se entiende por control de las compuertas de regulación por presión dependiente.**

Dependiendo de la presión detectada se regula la entrada de aire. A mayor presión, mayor será la cantidad de aire aportado, lo que provocará una mayor apertura de las compuertas de regulación.

12. **Para variar el caudal de aire se puede actuar sobre...**

    a. ... la velocidad de giro del ventilador.
    b. ... la tensión suministrada al ventilador.
    c. ... la frecuencia suministrada al motor.
    d. Las opciones a y c son correctas.

13. El caudal de aire...

    a. ... es proporcional a la velocidad de giro.
    b. ... es inversamente proporcional a la velocidad de giro.
    c. ... no se puede relacionar con la velocidad de giro.
    d. Todas las opciones son incorrectas.

14. Enumere y explique las distintas partes que integran un variador de frecuencia.

Las partes son:

- Etapa rectificadora: transforma la tensión de la red de alterna a continua.
- Etapa inversora: convierte la tensión continua en alterna, con la frecuencia establecida por el equipo. Se incorporan las protecciones propias del equipo.
- Etapa de control: etapa responsable de regular la frecuencia de alimentación del dispositivo y por tanto la velocidad del ventilador.

15. ¿Qué es necesario para telegestionar una instalación?

    a. Una central programable o autómata.
    b. Que el sistema esté conectado a una central de alarmas.
    c. Que el sistema incorpore una unidad de tratamiento de aire.
    d. Todas las opciones son incorrectas.

Solucionario Capítulo 6

1. **Indique si las siguientes afirmaciones son verdaderas o falsas:**

   a. El diseño eficiente de las instalaciones ayuda a mejorar la eficiencia energética en la instalación y en el entorno.

      ☐ Falso
      ☑ **Verdadero**

   b. Para lograr un sistema eficiente energéticamente se debe evaluar exclusivamente la instalación.

      ☑ **Falso**
      ☐ Verdadero

   c. La eficiencia energética únicamente se aplica en la generación de calor y no en la de frío.

      ☑ **Falso**
      ☐ Verdadero

2. **Enumere los criterios generales que deben cumplir los sistemas de producción de calor y frío según el RITE.**

   Los criterios son:

   1. La potencia suministrada por las unidades de producción de calor o frío que utilicen energías convencionales se ajustará a la demanda máxima simultánea de las instalaciones, teniendo en cuenta las ganancias o pérdidas a través de las redes de tuberías de los fluidos portadores.
   2. Se deben estudiar las demandas de la instalación dependiendo de la hora del día y el mes del año, para establecer la demanda máxima simultánea, las demandas parciales y la mínima.
   3. Los generadores que utilicen energías convencionales se conectarán hidráulicamente en paralelo y se podrán independizar entre sí.

4. El caudal del fluido portador en los generadores podrá variar para adaptarse a la carga térmica instantánea, entre el mínimo y máximo establecidos por el fabricante.

5. Cuando se interrumpa el funcionamiento de un generador, también debe interrumpirse el funcionamiento de los equipos accesorios relacionados con él.

3. ¿Quién es el responsable de proporcionar los valores máximos y mínimos de los coeficientes de eficiencia energética y rendimiento?

    a. El instalador del equipo
    b. El vendedor del equipo
    c. El fabricante del equipo
    d. El diseñador de la instalación

4. El sistema de conductos...

    a. ... tiene su propia normativa.
    b. ... establece las pérdidas según la forma de estos.
    c. ... depende del fluido que transporte.
    d. Todas las opciones son correctas.

5. Complete la siguiente afirmación

El **trazado** de las **conducciones** debe ser lo más **corto** y **recto** posible, atendiendo a las **características** específicas del **fluido** transportado.

6. Enumere las condiciones que deben cumplir los sistemas de control de la climatización.

Todas las instalaciones térmicas deben dotarse de los sistemas automáticos de control necesarios para mantener las condiciones de diseño previstas en las ubicaciones a climatizar, ajustando el consumo de energía a las variaciones de la carga térmica.

El empleo de controles de tipo todo-nada únicamente se podrá utilizar cuando:

    ❙ Existan limitaciones de seguridad de temperatura y presión.
    ❙ Se regule la velocidad de los ventiladores de las unidades terminales.

▌ Se controle la emisión térmica de los generadores individuales de la instalación.
▌ Se controle la ventilación de las salas de máquinas en las que exista ventilación forzada.

7. **¿Qué categoría termohigrométrica corresponde con un sistema que ventila (si el fluido caloportador es el aire) y calefacta (si el fluido caloportador es agua)?**

    a. THM-C 4
    b. THM-C 3
    c. THM-C 2
    d. THM-C 1

8. **Enumere las ventajas que presenta la contabilización de consumos:**

Las ventajas son:

▌ Mejora la eficiencia energética.
▌ Mide la eficiencia energética y el ahorro producido.
▌ Comprueba que los consumos corresponden a los definidos en el proyecto de la instalación.

9. **¿A partir de qué potencia nominal debe un sistema incorporar contadores independientes para la climatización y el combustible?**

    a. 30 kW
    b. 40 kW
    c. 50 kW
    d. 70 kW

10. **El proceso por el cual el aire caliente, al ser más ligero que el frío, se acumula en la parte superior de la estancia es:**

    a. La zonificación.
    b. La termografía.
    c. La estratificación.
    d. La ventilación.

11. Cumplimente la siguiente tabla atendiendo a las condiciones interiores de diseño

Estación	Temperatura operativa	Humedad relativa
Verano	Entre 23 y 25 °C	Entre 40 y 60 %
Invierno	Entre 21 y 23 °C	Entre 40 y 50 %

12. ¿Cuántos métodos de cálculo del caudal mínimo de aire exterior de ventilación establece el RITE?

    a. Tres métodos directos

    b. Cinco métodos

    c. Dos métodos indirectos

    d. Las opciones a y c son correctas.

13. Defina el concepto *bioefluente*.

Es un producto procedente del metabolismo humano (agua, aerosoles biológicos, microorganismos, partículas, etc.) que se emite al ambiente junto con el dióxido de carbono de la respiración, y que causa malos olores, aire cargado, desagradable y poco higiénico.

14. Enumere y explique los motivos por los que se debe filtrar el aire exterior de ventilación antes de incorporarlo al sistema.

Los motivos son:

    ▌ Se debe garantizar un aire interior sano, limpio, sin impurezas durante todo el tiempo que funcione el sistema de ventilación.

    ▌ Los equipos de ventilación deben funcionar eficazmente y durante todo el tiempo requerido.

    ▌ Se deben instalar sistemas de tratamiento de aire que sean energéticamente sostenibles.

15. Enumere tres motivos por los que se deben instalar un prefiltro antes de la unidad de ventilación.

Estos son los motivos:

▌ Reducir el polvo en la entrada de la unidad de ventilación
▌ Aumentar el tiempo de vida del filtro final.
▌ Reducir el consumo energético del ventilador.
▌ Evitar ruidos en la unidad de ventilación.
▌ Mejorar la estabilidad en el caudal de la unidad de ventilación.
▌ Reducir el espacio destinado al equipo, al necesitar unidades de menor tamaño y más eficientes.

Solucionario Capítulo 7

1. **Indique si las siguientes afirmaciones son verdaderas o falsas:**

    a. La evaluación del rendimiento y la eficiencia de una instalación es una forma de analizar si el funcionamiento de esta es correcto.

    ☐ Falso
    ☑ **Verdadero**

    b. Únicamente las instalaciones térmicas de calefacción están reguladas por el RITE.

    ☑ **Falso**
    ☐ Verdadero

    c. La eficiencia energética únicamente se debe aplicar en la fase de mantenimiento.

    ☑ **Falso**
    ☐ Verdadero

2. **Enumere cinco elementos que se deben controlar en las instalaciones cuya potencia térmica sea superior a los 70 kW.**

    Los elementos que se deben controlar son:

    - Colectores de impulsión y retorno (termómetro)
    - Vasos de expansión (manómetro)
    - Circuitos secundarios de tuberías (un termómetro en cada circuito)
    - Bombas (un manómetro en cada bomba para medir la diferencia de presión entre la aspiración y la descarga)
    - Intercambiadores de calor (manómetros y termómetros en la entrada y en la salida)
    - Baterías agua-aire (un termómetro a la entrada y otro a la salida)
    - Recuperadores de calor aire-aire (caudalímetro de aire del circuito)
    - Unidades de tratamiento de aire (termómetros para medir permanentemente la temperatura del aire de impulsión, el de retorno y la temperatura externa)

3. **¿Qué equipo de medida es el utilizado para obtener datos de dos presiones distintas y que se pueden relacionar?**

    a. Termopar con sonda de contacto
    b. Pinza amperimétrica
    c. Puente de manómetros frigoríficos
    d. Caudalímetro de aire

4. **Defina el objetivo principal que se pretende al implantar la eficiencia energética en un sistema de climatización.**

El objetivo primordial de la eficiencia energética es conseguir un ahorro energético que dependa directamente del funcionamiento de la instalación y del rendimiento de los equipos.

5. **El método directo de cálculo del rendimiento de las instalaciones relaciona...**

    a. ... la potencia absorbida por el evaporador y la potencia absorbida por la máquina.
    b. ... la potencia cedida por el condensador y la potencia absorbida por la máquina.
    c. ... la potencia absorbida por el refrigerante y la potencia absorbida por la máquina.
    d. ... la potencia cedida por el refrigerante y la potencia absorbida por la máquina.

6. **Enumere los procedimientos indirectos de cálculo de caudal si en la instalación no existiera un caudalímetro fijo para medir el caudal volumétrico del fluido caloportador.**

Los procedimientos serían:

- Midiendo las presiones de entrada y salida del fluido al intercambiador
- Midiendo la presión neta instantánea con la que está funcionando la bomba (o bombas) que se utilicen para la recirculación del fluido a través del intercambiador, por diferencia entre las lecturas de un manómetro situado alternativamente en la aspiración y en la descarga de la bomba
- Midiendo el consumo instantáneo de la bomba (o bombas) y determinando la potencia absorbida

7. Para realizar el proceso de toma de medidas, la instalación debe...

   a. ... estar en servicio, pero únicamente el sistema de ventilación.
   b. ... estar cedida por el condensador y la potencia absorbida por la máquina.
   c. ... estar en servicio, cercana al 100 % de la carga de trabajo.
   d. ... estar fuera de servicio.

8. Complete la siguiente afirmación

   Las **mediciones** se deben realizar procurando que **no** se produzcan **cambios** en las **condiciones** de funcionamiento del sistema y de los **equipos** que lo integran.

9. La potencia eléctrica absorbida...

   a. ... es la suma de las potencias de los equipos que integran la UTA.
   b. ... se debe calcular, al depender de la temperatura exterior.
   c. ... corresponde con el consumo global de la instalación.
   d. Las opciones a y c son correctas.

10. En una instalación solar de calefacción o refrigeración solar, ¿a partir de qué potencia nominal superior debe suscribirse un contrato de mantenimiento y realizarse las labores de mantenimiento bajo la supervisión de un técnico titulado?

   a. 10 kW
   b. 40 kW
   c. 200 kW
   d. 400 kW

11. Enumere los aspectos que se deben registrar en un edificio que disponga de calefacción centralizada.

Los aspectos son:

I Consumo individual de calefacción o consumo unitario correspondiente al sistema de calefacción por usuario.
I Consumo individual de refrigeración o consumo unitario correspondiente al sistema de refrigeración por usuario.
I Mermas de distribución en calefacción.
I Mermas de distribución en refrigeración.

12. Complete la siguiente afirmación

La empresa **mantenedora** es la **responsable** de llevar a cabo un **registro** de los consumos de **agua** correspondientes al **llenado** de los circuitos de **calefacción** y **refrigeración**, para lo cual se podrán apoyar en la instalación de un **contador** para cada **circuito**.

13. ¿Cuál será la potencia eléctrica absorbida por un motor que consume 2 A cuando se conecta a 230 V?

a. 115 W
b. 230 W
c. 460 W
d. No se puede calcular, falta el $\cos\varphi$

14. Establezca una clasificación de los equipos de recuperación de energía atendiendo a su forma constructiva.

La clasificación es la siguiente:

I Recuperadores de flujos cruzados.
I Recuperadores de flujos paralelos.
I Recuperadores rotativos.

15. Defina lo que se entiende por *eficiencia mínima exigida*.

Se define la eficiencia de un recuperador como la relación existente entre la energía recuperada y la máxima que se podría recuperar. Se puede representar mediante la siguiente ecuación:

$$\varepsilon = (\text{energía recuperada})/(\text{energía recuperable})$$

Solucionario 3

Eficiencia energética en las instalaciones de iluminación interior y alumbrado exterior

Solucionario Capítulo 1

1. **Indique si las siguientes afirmaciones son verdaderas o falsas.**

   a. Los elementos fundamentales de los equipos de encendido son los balastos, los arrancadores y los cebadores.

      ☑ **Verdadero**
      ☐ Falso

   b. Los arrancadores se usan única y exclusivamente en las lámparas de sodio de alta presión y de baja presión.

      ☐ Verdadero
      ☑ **Falso**

   c. El cebador es un dispositivo empleado en las lámparas halógenas para su encendido.

      ☐ Verdadero
      ☑ **Falso**

2. **Complete la siguiente oración.**

   El flujo luminoso indica la cantidad de luz emitida o radiada (detectada por el ojo), en **un segundo,** en todas las direcciones. A este concepto también se le llama **potencia luminosa** propia de la lámpara o **fuente de luz.**

3. **¿Cuál de los siguientes elementos NO es un componente de las luminarias?**

   a. Sistema óptico.
   b. Carcasa o armadura.
   c. **Casquillo.**
   d. Equipo eléctrico.

4. **Explique brevemente las medidas de protección necesarias para llevar a cabo un funcionamiento eléctrico seguro.**

Existen varias medidas de protección fundamentales para llevar a cabo el funcionamiento eléctrico de una forma segura, como son las puestas a tierra de los elementos, el aislamiento eficaz de las partes que llevan tensión, las protecciones contra la humedad de las luminarias.

La puesta a tierra de los puntos de luz impide el contacto con los elementos metálicos de los puntos de luz.

El aislamiento en los puntos de luz es muy importante en los enchufes, casquillos y cables de las lámparas, para que no se produzcan riesgos eléctricos.

Las protecciones contra la humedad de los puntos de luz se consiguen en las luminarias.

5. **Enumere los siguientes tipos de lámparas por orden de prioridad según sus características cromáticas.**

    a. Lámparas fluorescentes.
    b. Lámparas incandescentes de halógenos.
    c. Lámparas de mercurio con halogenuros metálicos.
    d. Lámparas incandescentes estándar.

El orden según sus caracteristicas cromáticas sería:

    1. Lámparas incandescentes de halógenos.
    2. Lámparas incandescentes estándar.
    3. Lámparas fluorescentes.
    4. Lámparas de mercurio con halogenuros metálicos.

6. **Relacione los siguientes conceptos con su correspondiente definición.**

    a. Reflector.
    b. Difusor.
    c. Filtro.

b. Sirve de cierre de la luminaria en la dirección del rayo lumínico.

c. Su función es la de potenciar o disminuir algunas características de la radiación luminosa.

a. Su función es modelar la forma y dirección del flujo de la lámpara.

7. **¿Son los siguientes enunciados verdaderos o falsos? En caso de ser falsos, modifíquelos.**

a. La luminancia es la luminosidad producida por una superficie en la retina del ojo.

☑ **Verdadero**
☐ Falso

b. Los objetos tienen diferente luminancia, a pesar de estar bajo un mismo nivel de iluminación.

☑ **Verdadero**
☐ Falso

c. El aparato encargado de medir la luminancia es el luxómetro.

☐ Verdadero
☑ **Falso: el aparato encargado de medir la luminancia es el luminancímetro o nitómetro.**

d. La unidad de medida de la luminancia es el Lux.

☐ Verdadero
☑ **Falso: la unidad de medida de la luminancia es la Candela/m².**

8. Indique en el siguiente dibujo las distintas partes o elementos de una luminaria (el primero ha sido dado a modo de ejemplo).

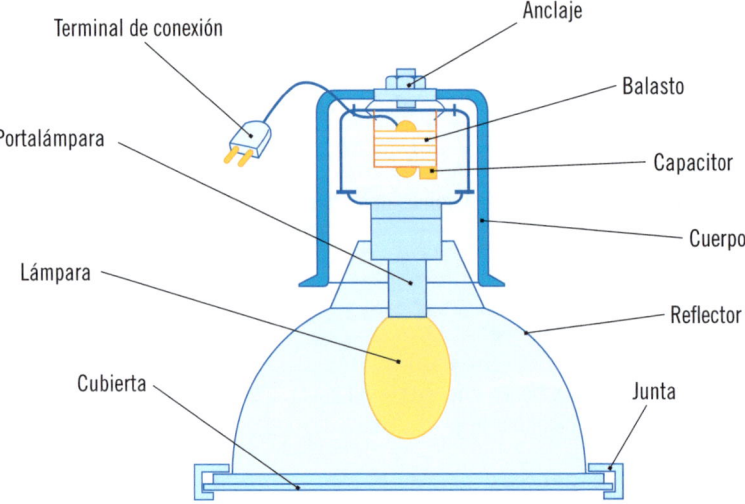

Terminal de conexión
Anclaje
Balasto
Portalámpara
Capacitor
Cuerpo
Lámpara
Reflector
Cubierta
Junta

9. ¿Cuáles son las funciones fundamentales de un sistema de telegestión?

- Encendido y apagado del alumbrado.
- Determinación del nivel de alumbrado en función de la luz solar y del apagado de otras luminarias por no detectar presencia de gente.
- Vincular el encendido de corredores si se detecta presencia de personas en las habitaciones colindantes a ese corredor o pasillo.

10. ¿Qué se puede deducir con la fórmula de la luminancia?

a. A medida que el flujo luminoso sobre una superficie sea menor, aumentará su iluminancia.

b. A medida que el flujo luminoso sobre una superficie sea mayor, también lo será su iluminancia.

c. A medida que el flujo luminoso sobre una superficie sea menor, habrá igual iluminancia.

11. ¿Dónde se suelen situar las luminarias en las instalaciones industriales con techos altos?

La disposición de luz en el interior de un edificio dependerá de las características de este. En este caso, se trata de una industria con techos altos, por lo que las luminarias se suelen situar altas, alineadas y equidistantes, para que la iluminación sea uniforme.

12. ¿Cuál de las siguientes opciones no es correcta?

    a. Con la iluminación directa se corre el riesgo de producir deslumbramientos.
    b. Se aconseja para techos no muy altos una iluminación semidirecta.
    c. El flujo de las lámparas se dirige hacia el suelo y las paredes en una iluminación directa.
    d. La iluminación directa es el sistema más ventajoso desde un punto de vista económico.

13. Relacione los siguientes conceptos con su correspondiente unidad de medida.

    a. Luminancia.
    b. Iluminancia.
    c. Longitud de ondas.

    b. Lux.
    c. Nanómetro.
    a. Candela/metro.

14. ¿Qué tipo de alumbrado daría lugar a una iluminancia media alta y a una uniformidad excelente?

El alumbrado modularizado.

15. Indique qué iluminancia requieren las siguientes zonas: mínima, media o elevada.

    a. Vestíbulo. **Mínima.**
    b. Local de uso frecuente. **Media.**
    c. Almacén. **Mínima.**
    d. Pasillo. **Mínima.**
    e. Lugares donde se realizan tareas visuales. **Elevada.**

Solucionario Capítulo 2

1. Complete la siguiente oración.

El deslumbramiento puede ser de dos tipos: el deslumbramiento **molesto** y el deslumbramiento **perturbador**. El deslumbramiento **perturbador** se produce cuando una o varias fuentes reducen la visión de un objeto.

2. De las siguientes afirmaciones, indique cuál es verdadera o falsa.

    a. La eficacia luminosa se mide en lm/W.

        ☑ **Verdadero**
        ☐ Falso

    b. El incremento de umbral de contraste se mide en candelas.

        ☐ Verdadero
        ☑ **Falso**

    c. El flujo luminoso se mide en W.

        ☐ Verdadero
        ☑ **Falso**

    d. La iluminancia horizontal se mide en lumen/m².

        ☑ **Verdadero**
        ☐ Falso

3. Si el ángulo entre la dirección de incidencia del flujo luminoso y la vertical es de 0°, ¿qué valor tiene la iluminancia vertical?

    a. Cero.
    b. Infinito.
    c. Es necesaria más información.
    d. El mismo que el de la intensidad luminosa.

4. ¿Qué situación de proyecto corresponde a una velocidad de tráfico v > 60 km/h, siendo la vía de alta velocidad?

    a. C.
    b. D.
    c. B.
    d. A.

5. ¿Qué tipo de alumbrado corresponde a las situaciones de proyecto C, D y E?

Alumbrado vial funcional.

6. Indique la respuesta correcta.

    a. El alumbrado navideño es un tipo de alumbrado ornamental.
    b. El alumbrado vial funcional se utiliza para vías en las que la velocidad de circulación es alta.
    c. El alumbrado vial ambiental se utiliza para alumbrado ornamental.
    d. El alumbrado vial ambiental se utiliza para alumbrar únicamente zonas ambientales como los parques.

7. ¿Cuál es la distribución de alumbrado vial que se utiliza para las calzadas más estrechas en las que el ancho de la vía es igual a la altura de la luminaria?

    a. Unilateral.
    b. Bilateral pareada.
    c. Bilateral a tresbolillo
    d. Central.

8. De las siguientes afirmaciones, indique cuál es verdadera o falsa.

    a. La reproducción cromática es un factor que influye en el diseño del alumbrado exterior.

        ☑ **Verdadero**
        ☐ Falso

b. Las exigencias de alumbrado de carreteras no dependen de la IMD.

☐ Verdadero
☑ **Falso**

c. El interruptor omnipolar interrumpe la corriente en todas las fases y en el neutro si este se encuentra distribuido.

☑ **Verdadero**
☐ Falso

d. En el caso de los conductores de cobre, se limita la sección máxima del conductor a 50 mm^2.

☐ Verdadero
☑ **Falso**

9. **Cite dos aspectos que se deberá tener en cuenta a la hora de elegir un nivel de iluminación.**

▮ Tipología de la zona a iluminar.
▮ Existencia e importancia del tráfico peatonal.

10. **¿En qué tipo de alumbrado se establecerán los correspondientes ciclos de encendido y apagado mediante la disposición de relojes astronómicos o sistemas equivalentes, capaces de ser programados por ciclos diarios, semanales, mensuales o anuales, que permitirán obtener ahorro energético?**

En las instalaciones de alumbrado ornamental, anuncios luminosos, espacios deportivos y áreas de trabajo exteriores.

11. **¿Qué tipos de lámparas se usan más frecuentemente en alumbrado exterior?**

Las lámparas de vapor de mercurio y las lámparas de vapor de sodio de alta presión.

12. Complete la siguiente oración.

Los condensadores son elementos asociados al **balasto.** Puede ir conectado a la red o conectado **en serie con el balasto.** Su función principal es corregir el factor de **potencia.**

13. ¿Cuáles son los cuatro elementos fundamentales que forman un sistema de tele-gestión?

- Equipos de control del cuadro de alumbrado.
- Equipos de control del punto de luz.
- Sistemas de comunicación.
- Centro de control.

14. Relacione.

- a. Lámpara de vapor de mercurio.
- b. Difusor.
- c. Lámpara de vapor de sodio AP.
- d. Cuerpo o carcasa.

- **c.** No tiene buena reproducción cromática.
- **a.** Da un color de luz blanco-azulado.
- **d.** Es el elemento de soporte de los elementos alojados.
- **b.** Es la parte de cierre de la luminaria en la dirección del flujo luminoso.

15. ¿Qué sistema de control de las instalaciones de alumbrado exterior cuenta con un temporizador dotado de *software*, diseñado para seguir los horarios de salida y puesta de sol del lugar en el que se encuentra instalado?

Los interruptores horarios astronómicos.

Solucionario Capítulo 3

1. **De las siguientes frases, indique cuál es verdadera o falsa.**

   a. El luxómetro mide la luminancia en cualquier ambiente.

   ☐ Verdadero
   ☑ **Falso**

   b. El luminancímetro mide la iluminancia real de un ambiente.

   ☐ Verdadero
   ☑ **Falso**

   c. El espectroscopio mide las propiedades de la luz en una porción del espectro electromagnético.

   ☑ **Verdadero**
   ☐ Falso

   d. La esfera de Ulbricht mide la potencia de la lámpara y de sus equipos auxiliares.

   ☐ Verdadero
   ☑ **Falso**

2. **¿Cuál debe ser la inclinación del luxómetro cuando se realice la medición?**

   La inclinación del luxómetro debe ser la misma que la inclinación del objeto que se desea medir.

3. **¿De qué factores depende el valor de la eficiencia energética de una instalación de iluminación interior?**

   De la potencia total instalada en lámparas más equipos auxiliares, de la superficie iluminada y de la luminancia media horizontal mantenida.

4. **¿Cuál es el parámetro que mide la relación entre los valores de iluminancia que se deben mantener a lo largo de toda la vida útil o de servicio de la lámpara y sus valores iniciales?**

   a. Factor de utilización.
   b. **Factor de mantenimiento.**
   c. Iluminancia media horizontal mantenida.
   d. El valor de la eficiencia energética de una instalación.

5. **¿Qué mide el factor de utilización y cuál es su valor límite?**

   El factor de utilización es la relación entre el flujo útil y el flujo emitido por la lámpara, y su valor límite es la unidad (1).

6. **¿Cuáles son los tres equipos auxiliares sobre los que se deben limitar las pérdidas?**

   Balastos, arrancadores y condensadores.

7. **¿Cuál de los siguientes elementos no afecta a los valores del factor de mantenimiento?**

   a. Tipo de lámpara.
   b. El mantenimiento efectuado.
   c. La contaminación de la zona.
   d. **Las mediciones de iluminancia que se realicen.**

8. **De las siguientes frases, indique cuál es verdadera o falsa.**

   a. El sistema de galería aporta niveles de iluminación muy elevados.

      ☐ Verdadero
      ☑ **Falso**

   b. El atrio dispone de paredes translúcidas o transparentes, mientras que el techo es opaco.

      ☐ Verdadero
      ☑ **Falso**

c. El conductor solar y el conducto de luz tienen funcionamientos similares.

☐ Verdadero
☑ **Falso**

d. La cúpula tiene una forma cilíndrica que permite la iluminación superior o cenital.

☐ Verdadero
☑ **Falso**

9. De las siguientes frases, indique cuál es verdadera o falsa.

a. El factor de potencia es el cociente entre la potencia activa y la reactiva.

☐ Verdadero
☑ **Falso**

b. El coeficiente de simultaneidad es el cociente entre la potencia activa y la reactiva.

☐ Verdadero
☑ **Falso**

c. El factor de potencia varía entre 0 y 1.

☑ **Verdadero**
☐ Falso

d. La simultaneidad puede ser negativa.

☐ Verdadero
☑ **Falso**

10. Complete la siguiente oración.

La potencia **Activa** es la potencia que transforma la energía eléctrica en **trabajo.** En otras palabras, es la potencia realmente **consumida** por un circuito eléctrico. Suele denotarse por la letra P y se mide en **Watios.**

11. ¿Qué es la compensación en paralelo?

Es una medida que pretende acercar el factor de potencia al valor de 1, y lo hace intercalando un condensador entre los terminales de entrada en una lámpara fluorescente.

12. ¿Cuál es, según la ITC-BT-25, el valor para el factor de simultaneidad para instalaciones destinadas a la alimentación de circuitos de iluminación?

    a. 0,25.
    b. 0,5.
    c. 0,75.
    d. 1.

13. ¿Qué hacen los sensores de ocupación?

Estos elementos encienden y apagan las luces automáticamente al detectar la presencia de una persona. Suelen emplearse en lugar con presencia de personas de forma intermitente, como baños, pasillos, aulas, etc.

14. Complete la siguiente oración.

Los **fotosensores** ajustan la luz **artificial** en función de la luz **natural** en cada momento. Muy útiles en zonas con acceso a luz natural, como habitaciones con **ventanas** y espacios con tragaluz.

15. ¿Cuál de los siguientes elementos gestiona la iluminación de un edificio con una antelación de hasta muchos meses?

    a. Tableros de iluminación.
    b. Fotosensores.
    c. Lámparas incandescentes.
    d. Sensores de ocupación.

 Solucionario Capítulo 4

1. De las siguientes afirmaciones, indique cuál es verdadera o falsa.

a. El espectrómetro mide la iluminancia real.

☐ Verdadero
☑ **Falso**

b. La esfera de Ulbricht mide la intensidad del flujo luminoso.

☑ **Verdadero**
☐ Falso

c. El luminancímetro mide la iluminancia.

☐ Verdadero
☑ **Falso**

d. El luxómetro mide la luminancia.

☐ Verdadero
☑ **Falso**

2. Complete la siguiente oración.

La medición de la **Potencia** eléctrica consumida por la instalación se medirá mediante un analizador de potencia **trifásico** con un error no mayor al **5%.** Además, en dicho proceso se medirá paralelamente la tensión de **alimentación** para valorar su desviación respecto a la tensión **nominal.**

3. ¿Cuándo resultará necesario medir la luminancia media de la instalación?

Será necesario cuando el proyecto incluya diversos tipos de alumbrado con distintos valores de referencia para este parámetro.

4. ¿Cuál es la fórmula para el Umbral de Percepción TI?

    a. $TI = 65 \times Lv / (Lm)^{0,8}$
    b. $TI = 15,3 + (n - 21) * 0,5$
    c. $TI = L / 2$
    d. $TI = 35 \times Lv / (Lm)^{3,8}$

5. A grandes rasgos, ¿cómo calcularía la relación entorno SR de forma teórica?

Para obtener la relación entorno SR, se calcula la relación entre la iluminancia media de la zona exterior de la calzada y la iluminancia media de la zona adyacente sobre la calzada, a ambos lados de la calzada. La relación entorno SR buscada será la más pequeña de las dos relaciones.

6. Complete la siguiente oración.

Un modo de calcular la **eficiencia** energética en alumbrado exterior es mediante el producto de 3 factores: factores de **mantenimiento,** de **utilización** de la instalación y la eficiencia de **lámparas** y equipos auxiliares.

7. ¿De cuál de los siguientes parámetros NO depende el factor de mantenimiento de una instalación?

    a. Tipología de lámpara.
    b. Tipo de cierre de la luminaria.
    c. Naturaleza de la zona en la que esté la luminaria.
    d. Coste de la lámpara.

8. ¿Qué valor suele tener el factor de simultaneidad en una instalación de alumbrado exterior? ¿Por qué?

    ▌ 1.
    ▌ Porque los puntos de luz están casi siempre funcionando a la vez.

9. ¿Cuál es el factor de potencia mínimo permitido en este tipo de instalaciones?

Nunca se permitirá una instalación con un factor de potencia inferior a 0,9.

10. Nombre las funcioncs básicas de los sistemas de automatización que influyen de manera fundamental en la eficiencia de la instalación de alumbrado público.

- Controlar y programar el funcionamiento de las lámparas.
- Verificar el correcto funcionamiento de la instalación.

11. De las siguientes afirmaciones, indique cuál es verdadera o falsa.

a. El responsable del mantenimiento de la instalación de alumbrado público es la empresa instaladora.

☐ Verdadero
☑ **Falso**

b. El factor de mantenimiento solo depende del FDRS.

☐ Verdadero
☑ **Falso**

c. La ITC-EA-06 trata sobre el mantenimiento de la eficiencia energética de la instalación de alumbrado exterior.

☑ **Verdadero**
☐ Falso

d. El grado de contaminación alto se aplica en vías de tráfico rodado de intensidad muy alta.

☑ **Verdadero**
☐ Falso

12. ¿Qué labores de mantenimiento tiene que realizar un instalador autorizado de baja tensión?

Las mediciones eléctricas y luminotécnicas que indica el plan de mantenimiento.

13. ¿Qué valor se utiliza para crear la etiqueta de calificación energética de la instalación?

El índice de consumo energético.

14. ¿Qué potencia se traduce en un desaprovechamiento de la energía y una sobrecarga en la red?

La potencia reactiva.

15. ¿Qué beneficios produce un sistema de automatización?

Reducción del coste energético, reducción del coste de mantenimiento y respeto por el medio ambiente.

Mantenimiento y mejora de las instalaciones en los edificios

Solucionario Capítulo 1

1. **De las siguientes frases, indique cuál es verdadera o falsa.**

   El mantenimiento preventivo es incompatible con el mantenimiento correctivo.

   ☐ Verdadero
   ☑ **Falso**

   El mantenimiento preventivo no está legislado.

   ☐ Verdadero
   ☑ **Falso**

   En las ACS puede haber riesgo de producirse legionella.

   ☑ **Verdadero**
   ☐ Falso

   La limpieza general de la caldera es una de las operaciones en el mantenimiento de una instalación de calefacción.

   ☑ **Verdadero**
   ☐ Falso

2. **Complete la siguiente oración.**

   Aunque el **objetivo** del mantenimiento preventivo de **adelantarse a la avería,** no varía de unas instalaciones a otras del edificio, lo que sí es variable son la **planificación, periodicidad y operaciones** a realizar en cada tipo de instalación.

3. **¿Todos los elementos de una instalación tienen la misma frecuencia de inspección? ¿Por qué?**

   No, pues en una instalación hay elementos de distinta naturaleza y las operaciones y frecuencia de mantenimiento nunca podrán ser las mismas.

4. ¿Qué se contabiliza con el contador de agua?

    a. Volumen de agua estancado en la tubería.
    b. Volumen de agua y aire en el contador.
    c. Volumen de agua exclusivamente que pasa por la tubería.
    d. Velocidad del agua que pasa por la tubería.

5. ¿Qué indica el valor Ke igual a 0?

Indica que la instalación tiene un coeficiente de emisiones 0. Por tanto, a la hora de hallar el Rendimiento Anual corregido, bajará la energía consumida x Ke, y dará mejor rendimiento a la instalación.

6. ¿Qué se debe hacer para prevenir la legionelosis?

    ■ Evitar el estancamiento del agua.
    ■ Eliminar o reducir zonas sucias.
    ■ Impedir la multiplicación y supervivencia de la bacteria en la instalación.

7. ¿Por qué es importante medir la temperatura durante el mantenimiento preventivo de una instalación? Señale las respuestas correctas.

    a. Porque reduce el consumo eléctrico.
    b. Porque reduce el consumo de gasóleo.
    c. Porque se pueden detectar puntos calientes en instalaciones eléctricas.
    d. Porque la temperatura influye en la proliferación de bacterias.

8. De las siguientes frases, indique cuál es verdadera o falsa.

Todas las incidencias muy graves son siempre muy importantes.

    ☑ **Verdadero**
    ☐ Falso

Las incidencias de gravedad media no son calificadas como muy importantes.

    ☑ **Verdadero**
    ☐ Falso

Las incidencias leves pueden ser, sin embargo, urgentes.

☐ Verdadero
☑ **Falso**

Las incidencias muy urgentes siempre son muy graves.

☑ **Verdadero**
☐ Falso

9. **Complete la siguiente oración.**

Existen dos formas, vertientes o filosofías claramente diferenciadas de mantenimiento **correctivo** que implican directamente dos modelos de reparación de los componentes: el **programado** y el no programado. La diferencia es la siguiente: mientras el no programado prioriza la reparación del fallo lo **antes** posible, el otro busca la corrección del fallo cuando se cuenta con el **personal** pertinente, y las **herramientas,** información y materiales necesarios.

10. **Si se quiere aislar eléctricamente una instalación, ¿por qué es necesario recurrir a la señalización y delimitación de la zona de trabajo?**

Para evitar que otras personas y operarios puedan acceder a zonas peligrosas o manipular los equipos.

11. **¿Qué tiene por objetivo conseguir la máxima disponibilidad y fiabilidad energética de una planta o edificio, tanto a corto como a largo plazo, y siempre al mínimo coste posible?**

a. Libro de mantenimiento.
b. GMAO.
c. Manual de mantenimiento.
d. **Plan de mantenimiento.**

12. ¿Cuál es el documento vigente que marca las pautas en materia de certificación energética de edificios?

Real Decreto 390/2021, de 1 de junio, por el que se aprueba el procedimiento básico para la certificación de la eficiencia energética de los edificios.

13. Complete la siguiente oración.

El principal **objetivo** de un GMAO es proporcionar a la **dirección** el medio de análisis que **optimice** la gestión y ayude a la toma de decisiones estratégicas, tácticas y **operativas**. En este caso, en el entorno energético.

14. ¿Para qué es necesaria una envolvente del edificio adecuada y preparada para evitar las pérdidas de energía?

      a. Evitar incurrir en gastos excesivos.
      b. Cuestiones estéticas.
      c. No tener que disponer de plan de mantenimiento.
      d. Para evitar realizar auditorías.

15. ¿Qué marca la decisión de corregir un fallo correctivamente de forma programada o no programada?

Si el equipo averiado es de una importancia vital dentro del sistema productivo, la reparación ha de hacerse sin las herramientas, información y personal más deseable, esto es, sin una planificación previa (corrección no programada). Si el fallo no es imprescindible para seguir trabajando, se practicará una corrección programada.

Solucionario Capítulo 2

1. **De las siguientes frases, indique cuál es verdadera o falsa.**

La telemedida consiste la medición a distancia de diferentes parámetros a distancia y de una forma automática.

    ☑ **Verdadero**
    ☐ Falso

El telecontrol consiste en la medición a distancia de diferentes parámetros de control.

    ☐ Verdadero
    ☑ **Falso**

La telemedida y el telecontrol suponen incrementos importantes en los costes de mantenimiento.

    ☐ Verdadero
    ☑ **Falso**

Los sistemas de telemedida y telecontrol aportan seguridad en el mantenimiento del edificio.

    ☑ **Verdadero**
    ☐ Falso

2. **Complete la siguiente oración.**

El mantenimiento técnico legal supone unas necesidades de personal **inferiores** que el mantenimiento técnico legal recomendado. Además, el mantenimiento técnico legal recomendado tiene inicialmente un coste **superior** y posteriormente supone una **reducción** de los costes de mantenimiento.

3. ¿Cuántas horas anuales de dedicación suele tener un empleado de mantenimiento? ¿De qué dependen?

Las horas anuales se sitúan en aproximadamente en 1.800 horas y dependen del convenio colectivo existente.

4. ¿Qué relación existe entre los tiempos de mantenimiento preventivo y el mantenimiento correctivo?

a. El mantenimiento correctivo es un 20% del tiempo del mantenimiento preventivo.
b. El mantenimiento preventivo es un 20% del tiempo del mantenimiento correctivo.
c. El mantenimiento correctivo es un 15% del tiempo del mantenimiento preventivo.
d. El mantenimiento preventivo es un 15% del tiempo del mantenimiento correctivo.

5. ¿En qué momento es necesario realizar los informes iniciales de mantenimiento?

En el momento en que una empresa asume las responsabilidades de mantenimiento de un edificio.

6. ¿Cuántos tipos de parte de trabajo existen?

Los partes de trabajo diario y los partes de trabajo de averías que se realizan cuando se produce una avería y ha sido necesaria su reparación.

7. ¿Quién es el máximo responsable del mantenimiento de un edificio?

a. La dirección técnica.
b. El jefe de servicio.
c. El jefe de equipo.
d. El oficial de mantenimiento.

8. **De las siguientes frases, indique cuál es verdadera o falsa.**

En los informes iniciales se recoge el procedimiento a seguir para la reparación de una avería.

- ☐ Verdadero
- ☑ **Falso**

El parte diario de trabajo recoge las averías que se han producido diariamente durante el mantenimiento.

- ☐ Verdadero
- ☑ **Falso**

El libro de registro de mantenimiento ha de estar constantemente actualizado.

- ☑ **Verdadero**
- ☐ Falso

Las órdenes de trabajo son previas a la realización del trabajo.

- ☑ **Verdadero**
- ☐ Falso

9. **¿Qué tipo de documentación describe y autoriza los trabajos a realizar?**

- a. El libro de mantenimiento.
- **b. La orden de trabajo.**
- c. El informe inicial.
- d. El informe de averías.

10. **Relacione los siguientes elementos.**

- a. El parte de trabajo diario.
- b. El parte de trabajo de averías.
- c. Los informes periódicos.
- d. El informe inicial.

d. Detecta las averías existentes antes de iniciar las labores de mantenimiento en un edificio.

c. Deben contener el mismo formato para facilitar su lectura.

a. Se realiza al final de la jornada laboral.

b. Hace referencia a las tareas realizadas sobre un equipo o instalación concreta averiada.

11. El mantenimiento técnico legal recomendado, ¿qué información contempla?

a. La existente en la normativa vigente.

b. La basada en experiencias previas.

c. La dada por el fabricante de los equipos e instalaciones.

d. La estimada por la dirección técnica de mantenimiento.

12. ¿Cuál es la diferencia entre el mantenimiento técnico legal recomendado y el mantenimiento técnico legal?

El mantenimiento técnico legal recomendado no es de obligatorio, sino únicamente una recomendación, mientras que el mantenimiento técnico legal es de obligado cumplimiento, ya que así lo determina la normativa vigente.

13. Complete la siguiente oración.

La primera actividad que se debe realizar en la planificación y programación del mantenimiento es la **determinación de tiempos,** para posteriormente realizar el **cálculo de necesidades** y, por último, la **planificación de cargas.**

14. ¿Cuál es la disponibilidad de la información si se utilizan sistemas automáticos de telemedida y telecontrol?

a. **Las 24 horas.**

b. La misma que la jornada laboral.

c. La determinada por la propietaria del edificio y de las instalaciones y equipos.

d. Dependen del sistema de telemedida y telecontrol empleado.

15. ¿Qué método es necesario utilizar para la determinación de tiempos en el mantenimiento preventivo?

El método basado en otras experiencias que se hayan tenido en edificios similares, ya que estos tiempos dependen de un gran número de factores.

Solucionario Capítulo 3

1. **¿Cuál es la piedra angular de los Sistemas de Gestión de Mantenimiento Asistido por Ordenador?**

   Las bases de datos.

2. **Complete el siguiente texto.**

   El objetivo de las bases de datos es tener una **información** clara y completa del mantenimiento de cada uno de los equipos. Las mismas servirán para la generación de **informes o históricos**.

3. **¿Qué es un histórico?**

   Un histórico es un informe donde aparecen las características que se le piden previamente al *software.*

4. **Nombre las funcionalidades que deber tener un software GMAO en su módulo de mantenimiento preventivo.**

   ▌ Definición de las tareas de mantenimiento a realizar.
   ▌ Calendario de realización de inspección o mantenimiento.
   ▌ Imprimir la lista u hoja de trabajo.
   ▌ Informar de los mantenimientos realizados.
   ▌ Control de repuestos.

5. **¿Cómo se aplica el mantenimiento predictivo en una instalación?**

   Realizando una serie de medidas o ensayos en la instalación. El valor anormal de dichas medidas puede ser causa de defecto o fallo en la instalación de las mismas.

6. **Indique de las siguientes afirmaciones cuál es verdadera o falsa.**

El mantenimiento correctivo está planificado.

☐ Verdadero
☑ **Falso**

El software de mantenimiento predictivo puede dar como resultado una alarma en la instalación.

☑ **Verdadero**
☐ Falso

Los periodos de mantenimiento preventivo pueden estar regidos por normativa.

☑ **Verdadero**
☐ Falso

7. **¿Qué tipo de mantenimiento es preciso evitar al máximo ya que es el más costoso?**

El mantenimiento correctivo.

8. **¿Qué puede indicar que un histórico de evaluación del tiempo de parada de una instalación en un periodo determinado muestre excesivos tiempos de parada a causa de operaciones de mantenimiento?**

Que existe un mal funcionamiento de la instalación y esto puede ser indicativo de la necesidad de una sustitución completa o parcial de la misma.

9. **¿Cuál es la función de la base de datos de control de almacén?**

Actualizar las piezas que se han usado del almacén y tener al día el número de piezas disponibles, y así poder prever su reposición en caso de agotarse.

10. **Elija la respuesta correcta.**

    a. El mantenimiento predictivo se caracteriza por su periodicidad.
    b. **El mantenimiento correctivo se produce a raíz de una avería.**
    c. El mantenimiento preventivo no se ayuda de ningún software GMAO.
    d. El sistema de GMAO no es útil para la instalación.

11. **¿Qué apartado de las funcionalidades de mantenimiento preventivo permite introducir las fechas en que se realiza el mantenimiento?**

    El calendario de realización de inspección o mantenimiento.

12. **Complete el siguiente texto.**

    El mantenimiento **predictivo** es aquel cuyo objetivo es determinar el estado de la instalación o parte de la instalación para predecir un posible fallo. El software deberá permitir obtener *informes estadísticos* de los resultados de los ensayos.

13. **Señale la respuesta correcta.**

    a. La funcionalidad del módulo de mantenimiento predictivo estriba en el reporte de averías.
    b. **El mantenimiento preventivo se caracteriza por su periodicidad.**
    c. El mantenimiento correctivo, al ser espontáneo, puede ser aplicado por cualquier persona.
    d. No tiene sentido introducir el gasto de la reparación en un sistema de GMAO.

14. **¿A quién le servirá la lista u hoja de trabajo?**

    A la persona encargada de realizar el mantenimiento preventivo.

15. **¿Qué apartado del *software* dedicado al mantenimiento predictivo permite introducir aquellos valores de una medición u ensayo fuera de lo común?**

    Valores de alarma.

Solucionario Capítulo 4

1. **De las siguientes frases, indique cuál es verdadera o falsa.**

El informe es un documento que busca emitir valoraciones técnicas.

☐ Verdadero
☑ **Falso**

El informe puede ser oral o escrito.

☐ Verdadero
☑ **Falso**

Los informes pueden referirse a temas científicos.

☑ **Verdadero**
☐ Falso

Un informe es un proyecto breve.

☐ Verdadero
☑ **Falso**

2. **Complete la siguiente oración.**

Tanto para **informes** como memorias, los **párrafos** deben tener una extensión **moderada** y equilibrada, ni demasiado breve ni muy extensa. Como orientación, alrededor de una **decena** de oraciones es lo idóneo.

3. **¿Qué es una memoria justificativa?**

La memoria justificativa es el documento que describe las características actuales de la instalación y puede exponer, asimismo, los detalles de una posible modificación de la misma.

4. ¿Cuál de estas habilidades no es necesaria para redactar un informe?

    a. Buena ortografía.
    b. Notable dicción y oratoria.
    c. Elaborada gramática.
    d. Riqueza en vocabulario.

5. ¿Qué es una serifa?

Se llama serifa al remate que llevan algunas letras en sus esquinas, o lo que es lo mismo, al acabado de sus extremos.

6. ¿Hay alguna regla acerca del color de fuente y el uso de negritas en informes?

Sobre el color de la fuente del documento, elegir siempre colores oscuros, y preferentemente negro. Los colores claros deben evitarse siempre, solo siendo admisibles en algún enunciado o encabezamiento. Debe minimizarse el uso de negritas y cursivas a exclusivamente las palabras clave, porque si no, se evita el efecto enfatizador pretendido.

7. ¿En qué tipo de informe técnico se emiten valoraciones y conclusiones de todo tipo por parte de un técnico experto en dicho campo?

    a. Expediente.
    b. Inspección.
    c. Ensayo y análisis.
    d. Peritación y dictamen.

8. De las siguientes frases, indique cuál es verdadera o falsa.

Los arbitrajes son informes de carácter administrativo.

    ☐ Verdadero
    ☑ **Falso**

Los expedientes son informes de carácter administrativo.

    ☑ **Verdadero**
    ☐ Falso

Las peritaciones están muy ligadas a asuntos jurídicos.

☑ **Verdadero**
☐ Falso

Las inspecciones solo se aplican al campo científico.

☐ Verdadero
☑ **Falso**

9. Complete la siguiente oración.

Un informe **técnico** es un documento **escrito** en lenguaje técnico que examina una disciplina cuya **temática** puede ser **variada:** explicación de un proceso, un análisis económico, energético, etc.

10. ¿Para qué sirve un presupuesto?

El presupuesto se encarga de estimar el coste parcial y total de las actuaciones a realizar, incluyendo el de mano de obra necesaria y el de los equipos o piezas a adquirir para mejorar la eficiencia energética. Es la valoración del coste de todas y cada una de las obras y acciones comprendidas en un proyecto. Desglosa las cantidades por precio unitario, unidades totales necesarias, coste total y las divide en el tiempo si dichas actuaciones no son inmediatas.

11. ¿Qué ha de multiplicarse por los precios unitarios para obtener el presupuesto total de cada partida?

a. IVA.
b. **Las mediciones correspondientes a cada partida.**
c. El error absoluto.
d. Los metros lineales.

12. ¿Para qué se usan las hojas de cálculo en informes técnicos, tales como las que incorpora Microsoft Excel?

Facilitan la realización de operaciones a gran escala. Con estas herramientas podrán agruparse todos los datos de partida de forma ordenada y hacer los cálculos pertinentes automáticamente.

13. Complete la siguiente oración.

La **memoria** justificativa es un documento **escrito** con carácter **burocrático** y/o técnico de un proceso, que se realiza cada cierto tiempo. Se caracteriza por su carácter conciso y **concreto**.

14. ¿Cuál de los siguientes no es un bloque específico de la estructura típica de una memoria justificativa?

    a. Parte inicial.
    b. Datos generales.
    c. Cubierta.
    d. Descripción general del proyecto.

15. ¿Qué se entiende por precio unitario?

Este concepto se refiere al coste directo de cada unidad de obra, incluyendo en este el del material, el transporte y la puesta en obra.

Solucionario Capítulo 5

1. **De las siguientes frases, indique cuál es verdadera o falsa.**

El izado con grúas tiene el riesgo de caída de objetos.

☑ **Verdadero**
☐ Falso

El contacto indirecto se da por el defecto de aislamiento.

☑ **Verdadero**
☐ Falso

El trabajo en altura solo tiene el riesgo de caída en altura.

☐ Verdadero
☑ **Falso**

2. **Nombre los riesgos más importantes de los trabajos de izado y transporte manual de cargas.**

▮ Contusiones.
▮ Cortes.
▮ Lesiones musculoesqueléticas.

3. **¿Por qué se pueden dar lesiones y fatigas en los trabajos en altura?**

Por las malas posturas que se pueden dar durante los trabajos en altura.

4. **¿Pueden ser un riesgo las condiciones de iluminación? ¿Por qué?**

Sí. Una iluminación incorrecta puede traducirse en visión inadecuada que da lugar a riesgos como pérdidas de visión, dolores de cabeza, fatiga, caídas, etc.

5. De las siguientes frases, indique cuál es verdadera o falsa.

El conato de emergencia es el más grave de los casos de emergencia posibles.

☐ Verdadero
☑ **Falso**

La emergencia general requiere ayuda de medios y personal del exterior.

☑ **Verdadero**
☐ Falso

La emergencia parcial requiere de equipos más preparados que el conato de emergencia.

☑ **Verdadero**
☐ Falso

El conato de emergencia no requiere de medios ni de equipos exteriores al edificio afectado.

☑ **Verdadero**
☐ Falso

6. Complete la siguiente oración.

Se define la **señalización** de seguridad y salud en el trabajo como aquellas indicaciones que evocan una **obligación** o simplemente **informan** sobre una actividad, objeto o **situación** determinada.

7. ¿Qué son las medidas de emergencia?

Las medidas de emergencia son un conjunto de directrices básicas plasmadas en un documento para trabajadores y ocupantes del edificio y que dan instrucciones en caso de emergencia, referidas usualmente a evacuación. Este término no debe confundirse con los planes de emergencia, un concepto a mayor escala.

8. **¿Cuál de las siguientes señales en forma de panel informa sobre un peligro?**

   a. **Advertencia.**
   b. Obligación.
   c. Prohibición.
   d. Balizamiento.

9. **Explique la forma de realizar correctamente un torniquete.**

   La finalidad de realizar un torniquete es el detener temporalmente una hemorragia que no puede ser detenida mediante la compresión de los vasos sanguíneos.

   Se ha de aplicar entre la herida y el corazón y para ello no se debe utilizar, a ser posible, cuerda, alambre u otros objetos finos que al comprimir puedan cortar la zona, por lo cual lo más indicado es utilizar un pañuelo plegado o algo similar que tenga una anchura suficiente, aproximadamente unos 5 cm.

   Tras colocar el torniquete y hasta que la víctima sea atendida por los servicios especializados deberá ir aflojándose para permitir el riego sanguíneo en el miembro afectado. Este procedimiento deberá llevarse a cabo aproximadamente cada 15 o 20 minutos, volviendo a apretar nuevamente y repitiendo el procedimiento una vez lleguen los servicios asistenciales.

   Es muy importante poner en un lugar visible la hora y el lugar donde está realizado el torniquete, procurando que este se encuentre a la vista, es decir, que no esté tapado ni con ropa ni con objetos.

10. **¿En qué consiste la evaluación secundaria del accidentado?**

    En evaluar sus signos no vitales, tales como sangrado, fracturas, etc.

11. **¿A qué responden las siglas PAS?**

    a. Proteger, Auxiliar y Socorrer.
    b. **Proteger, Avisar y Socorrer.**
    c. Permanecer, Avisar y Socorrer.
    d. Proteger, Avisar y Salvar.

12. ¿Cuáles son las partes componentes de un equipo anticaída?

Un elemento de acoplamiento corporal, un elemento de conexión y un bloqueo automático.

13. ¿En qué circunstancias no son adecuados los cacos de polietileno?

a. En condiciones de trabajo a altas temperaturas.
b. En condiciones de trabajo a bajas temperaturas.
c. En trabajos de altura.
d. En condiciones de trabajo con riesgos eléctricos.

14. ¿Qué protector visual se debe utilizar en el caso de trabajos con calor y mucha humedad?

Con calor y humedad se deben seleccionar protectores antiempañantes.

15. De las siguientes frases, indique cuál es verdadera o falsa.

El casco ha de revisarse, al menos, una vez a la semana.

☐ Verdadero
☑ **Falso**

Los cascos deben guardarse en lugares secos, con baja humedad.

☑ **Verdadero**
☐ Falso

Los cascos pueden ser limpiados con agua caliente.

☑ **Verdadero**
☐ Falso

El mantenimiento de los cascos no está relacionado con sus propiedades mecánicas.

☐ Verdadero
☑ **Falso**

Solucionario Capítulo 6

1. **De las siguientes frases, indique cuál es verdadera o falsa.**

Para reducir el consumo energético de un edificio se puede reducir la demanda.

☑ **Verdadero**
☐ Falso

Para reducir el consumo energético de un edificio se puede reducir el rendimiento de los equipos.

☐ Verdadero
☑ **Falso**

La evaluación del nivel de eficiencia energética atiende a diversas variables, tales como la envolvente térmica del edificio, las instalaciones de climatización e iluminación, etc.

☑ **Verdadero**
☐ Falso

La etiqueta de eficiencia energética otorga la letra A al edificio más eficiente.

☑ **Verdadero**
☐ Falso

2. **Nombre las dos variables con las que está relacionada la demanda energética de un edificio:**

▪ El clima de la localidad donde se encuentra.
▪ Cantidad de calor disipado en su interior (carga interna).

3. **¿Cuáles son las variables de las que depende el Valor de Eficiencia Energética de una Instalación de iluminación?**

De la potencia de la lámpara, de la superficie iluminada y de la iluminancia media mantenida.

4. **¿De qué depende el valor de la eficiencia energética de una instalación de iluminación?**

De la potencia de la lámpara más el equipo auxiliar.
De la superficie iluminada.
De la iluminancia media mantenida.

5. **De las siguientes frases, indique cuál es verdadera o falsa.**

El Valor de Eficiencia Energética de una Instalación de iluminación crece a medida que lo hace la superficie iluminada, a igualdad del resto de valores.

□ Verdadero
☑ **Falso**

El Valor de Eficiencia Energética de una Instalación de iluminación crece a medida que lo hace la potencia de la lámpara, a igualdad del resto de valores.

☑ **Verdadero**
□ Falso

El Valor de Eficiencia Energética de una Instalación de iluminación crece a medida que lo hace la iluminancia media mantenida, a igualdad del resto de valores.

□ Verdadero
☑ **Falso**

El Valor de Eficiencia Energética de una Instalación de iluminación se mide en W/m^2 lux.

☑ **Verdadero**
□ Falso

6. **¿Cuál es el ámbito de aplicación de la sección HE5 Generación mínima de energía eléctrica procedente de fuentes renovables del DB-HE?**

Edificios de nueva construcción que superen los 1.000 m^2 construidos.

Ampliaciones de edificios cuando dicha ampliación suponga un incremento de más de 1.000 m^2.

Edificios existentes que se reformen de manera integral o en los que se produzca un cambio de uso, siempre y cuando la superficie construida sea mayor a 1.000 m^2.

7. **¿A qué instalaciones se aplica el Reglamento Electrotécnico de Baja Tensión (REBT)?**

A todas aquellas instalaciones nuevas o a las existentes que sufran modificaciones importantes (que afecten a más del 50 % de la potencia instalada) y que trabajen con:

  ▮ Corriente alterna igual o inferior a 1.000 V.
  ▮ Corriente continua igual o inferior a 1.500 V.

8. **¿Qué valor toma el factor de producción de energía, en el caso de edificios residenciales en la fórmula de la potencia instalada en la sección HE5 Generación mínima de energía eléctrica procedente de fuentes renovables?**

    a. 0,005
    b. 0,001
    c. 0,5
    d. 0,008

9. **Enumere los objetivos del reglamento de Eficiencia Energética en Instalaciones de Alumbrado Exterior.**

Incrementar la eficiencia y ahorro energético.

  ▮ Disminuir las emisiones de gases de efecto invernadero.
  ▮ Disminuir el nivel de contaminación acústica.

10. **¿A partir de qué potencia instalada se aplica el reglamento de Eficiencia Energética en Instalaciones de Alumbrado Exterior?**

Instalaciones que cuenten con más de 1.000 V de potencia instalada.

11. **¿Qué establece el CTE para aquellos edificios donde se prevea una demanda de ACS o de climatización para una piscina cubierta?**

Que una parte de las necesidades energéticas que de ello se deriven han de ser cubiertas por sistemas de energía solar.

12. **¿En qué parte del reglamento de Eficiencia Energética en Instalaciones de Alumbrado Exterior se indica cuáles son los requisitos mínimos que deberán cumplir las instalaciones de alumbrado exterior con el fin de lograr una eficiencia energética adecuada?**

    a. Artículo 1.
    b. Artículo 4.
    c. ITC-EA-06.
    d. ITC-EA-01.

13. **¿En qué parte del RITE se explica quién será responsable de realizar el análisis y evaluación periódica de la instalación, qué tipo de registro llevará con el fin de evaluar periódicamente la eficiencia energética de los mismos, y la periodicidad con la que se comprobará el cumplimiento de la exigencia de la sección HE4 del CTE.?**

    a. En la Instrucción técnica IT 2: Montaje, en la IT 2.4. Eficiencia Energética.
    b. En la Instrucción técnica IT 4: Inspección, en la 4.2. Inspecciones Periódicas de Eficiencia Energética.
    c. En la Instrucción técnica IT 4: Inspección, en la IT 4.3. Periodicidad de las Inspecciones de Eficiencia Energética.
    d. En la Instrucción técnica IT 3: Mantenimiento y uso, se incluye el apartado IT 3.4. Programa de Gestión Energética.

14. **Complete el siguiente texto.**

Mediante las **ordenanzas municipales,** los ayuntamientos pueden promover y fomentar un mayor **ahorro energético** y un uso más **eficiente** de la energía, potenciando la implantación a nivel local del uso de las energías **renovables,** principalmente la energía solar **térmica de baja temperatura** destinada a la producción de agua caliente sanitaria.

15. Considerando un consumo energético de 75 kW/h y un rendimiento del sistema del 75 %, ¿cuál es la demanda energética?

   a. 56,3 kW/h.
   b. 18,8 kW/h.
   c. 75 kW/h.
   d. 37,5 kW/h.

Solucionario 5
Edificación y eficiencia energética en los edificios

Solucionario Capítulo 1

1. Enumere los principales tipos de edificios que existen según su uso.

Edificios residenciales, educativos y culturales, comerciales, gubernamentales, industriales, sanitarios, agrícolas, militares, almacenes y aparcamientos, religiosos y deportivos.

2. El hormigón es un material muy resistente a la...

    a. ... **compresión.**
    b. ... tracción.
    c. ... torsión.
    d. Las opciones a y b son correctas.

3. Complete el siguiente texto.

El hormigón armado es el resultado de unir adecuadamente hormigón con armaduras de **acero.** Esto da lugar a estructuras que resisten acciones que provocan esfuerzos de **compresión** y de **tracción.**

4. Explique la siguiente afirmación: "Las estructuras de acero permiten grandes luces."

Las construcciones realizadas con estructuras de acero permiten mayores distancias entre pilares y son especialmente interesantes en locales comerciales, edificios industriales y demás estructuras donde no se desee tener pilares intermedios, así como edificios de alturas considerables, sin pilares excesivamente gruesos. De esta manera, se consigue maximizar el espacio útil.

5. ¿Qué características deben tener las zapatas que se usan en la cimentación de edificios?

    ▌ Deben transmitir las cargas al terreno a través de sus elementos estructurales.
    ▌ Deben repartir uniformemente las cargas para que no se sobrepasen las tensiones superficiales del terreno.

▌ No deben tener dimensiones dispares. Esto evitará que se produzcan asientos diferenciales.

▌ Deben quedar ocultas.

6. ¿Qué cantidad de calor se suele perder a través del suelo respecto a la dispersión térmica total de un edificio?

    a. Alrededor del 70 %.
    b. Un 50 % aproximadamente.
    c. Entre un 15 % y un 20 %.
    d. No es significativa.

7. Complete la siguiente oración.

Debido a que el calor tiende a **subir,** las pérdidas de calor a través de las **cubiertas** de los edificios pueden llegar a ser hasta una **cuarta** parte de las pérdidas energéticas totales del conjunto de la estructura.

8. ¿Qué son los muros de gravedad?

Los muros de gravedad están constituidos de hormigón en masa y la resistencia de los mismos se consigue gracias al propio peso del muro.

La principal ventaja de estos elementos constructivos es que no van armados y se suelen usar para cubrir alturas moderadas.

9. La mayoría de los siniestros que afectan a los edificios (y que sus usuarios reclaman a sus respectivas compañías de seguros) están relacionados con...

    a. ... filtraciones a través de cubiertas.
    b. ... deterioro en los cerramientos.
    c. ... la humedad.
    d. Todas las opciones son correctas.

10. La capacidad que tiene un material a oponerse al flujo de calor se denomina...

    a. ... resistencia térmica.
    b. ... conductividad térmica.
    c. ... aislamiento térmico.
    d. ... factor calorífico.

11. Complete la siguiente oración.

El factor **solar** es la relación (división) que existe entre la radiación solar a incidencia normal que entra en una edificación a través del **acristalamiento** y la que entraría si el **acristalamiento** se reemplazara por un **hueco** totalmente **transparente**.

12. ¿Qué parámetros influyen a la hora de calcular el factor sombra de un lucernario?

    ▪ La distancia entre el lucernario y el techo inferior.
    ▪ Las dimensiones del lucernario (altura y anchura).

13. ¿Cuál es el objetivo fundamental de la construcción bioclimática?

La construcción o arquitectura bioclimática tiene como objetivo fundamental hacer un uso eficiente de la energía y de los recursos, de manera que se garantice el confort y la sostenibilidad del medio ambiente.

14. De las siguientes frases, indique cuál es verdadera o falsa.

    a. Por lo general, en una vivienda conviene captar la menor cantidad de energía solar posible.

        ☐ Verdadero
        ☑ **Falso**

    b. La ubicación del edificio es un factor fundamental en el comportamiento energético de un edificio, ya que determina las condiciones climáticas que van a afectar a la estructura.

        ☑ **Verdadero**
        ☐ Falso

En una construcción bioclimática, especialmente cuando se trata de edificaciones destinadas a oficinas, la iluminación es un factor muy importante a tener en cuenta, ya que su consumo representa uno de los principales gastos energéticos.

☑ **Verdadero**
☐ Falso

15. **El Análisis del Ciclo de Vida (ACV) consiste en un proceso que se realiza para evaluar objetivamente las cargas ambientales a las que está sometido...**

    a. ... un producto.
    b. ... un proceso.
    c. ... una actividad.
    d. **Todas las opciones son correctas.**

Solucionario Capítulo 2

1. **¿En qué zonas se suelen producir las condensaciones?**

   Las condensaciones se suelen producir en los paramentos de los edificios, concretamente:

   - Sobre su superficie interior.
   - Sobre su superficie exterior.
   - En el interior de los mismos.

2. **¿Qué es la humedad absoluta? ¿Y la humedad relativa?**

   La humedad absoluta es la cantidad de vapor de agua contenida por metro cúbico (m³) de aire. Puede expresarse en g/m³ y su valor es independiente de la temperatura.

   La humedad relativa es la relación que existe entre la humedad absoluta y la cantidad de saturación. Este valor se expresa en porcentaje y es dependiente de la temperatura.

3. **La presión máxima que puede tener el vapor que contiene el aire, a una temperatura determinada, se denomina...**

   a. ... presión de vapor.
   b. ... presión de saturación.
   c. ... presión térmica.
   d. Todas las opciones son incorrectas.

4. **Complete la siguiente oración.**

   Según la Norma UNE-EN ISO 13788:2016, se consideran espacios de clase de **higrometría** 3 o inferior aquellos espacios en los que no se prevea una alta producción de **humedad.**

5. **¿Qué diferencia existe entre las condensaciones superficiales y las intersticiales?**

   Las condensaciones superficiales consisten en manifestaciones de humedad que se producen en las caras interiores de un cerramiento, mientras que las intersticiales son las que se producen en las capas interiores de los mismos.

6. **En la comprobación de la limitación de condensaciones superficiales en cerramientos y puentes térmicos, el CTE exige que...**

    a. ... $f_{Rsi} = f_{Rsi,min.}$
    b. ... $f_{Rsi} > f_{Rsi,min.}$
    c. ... $f_{Rsi} < f_{Rsi,min.}$

7. **¿Qué debe calcularse, según el CTE, en cada cerramiento en el que se estudie la formación de condensaciones intersticiales?**

- La distribución de temperaturas.
- La distribución de presiones de vapor de saturación para las temperaturas calculadas en el punto anterior.
- La distribución de presiones de vapor.

8. **Complete la siguiente oración.**

La ficha justificativa del cumplimiento de la limitación de **condensaciones** es un documento que tiene incluirse en la **memoria** del proyecto correspondiente y que debe justificar el cumplimiento de los **límites** de condensaciones establecidos en el CTE.

9. **Al depósito de sales que se genera superficialmente al evaporarse la humedad se denomina...**

    a. ... eflorescencia.
    b. ... heladicidad.
    c. ... criptoeflorescencia.
    d. Todas las opciones son incorrectas.

10. **¿Qué es la desagregación de los morteros y hormigones?**

Es un fenómeno que consiste en la separación física del cemento y el árido que constituyen a estos materiales. Esto provoca la destrucción paulatina del muro en cuestión.

11. ¿Por qué la humedad puede disminuir el grado de aislamiento térmico de un edificio?

Esto se produce cuando los poros de los materiales aislantes se cubren de humedad. En estos casos, se altera el comportamiento de dichos materiales, ya que pasan a tener una estructura más sólida, ofreciendo una mayor conductividad térmica y acelerando además todos los procesos de evaporación, caída de presión, condensaciones, etc.

12. Las humedades que se producen por la rotura de una tubería de un vecino se denominan...

    a. **... humedades por filtración.**
    b. ... humedades por condensación superficial.
    c. ... humedades por capilaridad.
    d. ... humedades por condensación intersticial.

13. Complete la siguiente oración.

Los elementos constructivos, tales como muros y tabiques, al entrar en contacto con el agua, empiezan a **absorberla,** ya que son materiales **porosos.**

14. ¿Qué problemas puede generar la humedad evaporada dentro de una vivienda?

- Incrementa la humedad relativa del aire, lo cual puede provocar: condensaciones, aparición de hongos, daños en muebles, malos olores, etc.
- Al evaporarse, la humedad arrastra consigo las cales y demás materiales que hacen que la pintura de la pared o suelo (si la hay) se levante. También puede hacer que aparezcan eflorescencias.

15. ¿Por qué razón la formación de condensaciones conlleva un incremento en el consumo de calefacción?

Esto se debe a que el exceso de humedad provoca una sensación térmica más fría.

 **Solucionario Capítulo 3**

1. ¿Qué es el grado de impermeabilidad?

El grado de impermeabilidad (m) es un número que informa acerca de la resistencia al paso del agua que ofrece un elemento constructivo. Dicha resistencia es mayor conforme más alto sea este número.

2. Complete la siguiente oración.

El grado de impermeabilidad mínimo que se exige para los muros que están en contacto con el terreno frente a la penetración del agua del mismo y de las escorrentías viene determinado según sean: el **nivel de presencia de agua** y el **coeficiente de permeabilidad del terreno.**

3. Cuando la cara inferior del suelo que está en contacto con el terreno se encuentra a dos o más metros por debajo del nivel freático, se considera que el nivel de presencia de agua es:

    a. **Alto.**
    b. Medio.
    c. Bajo.
    d. Todas las opciones son incorrectas.

4. ¿Qué es la altura de coronación de un edificio?

Es la altura máxima que alcanza el edificio. Por lo general, para determinar esta altura se tienen en cuenta salientes tales como chimeneas, casetones, etc.

5. ¿Qué es necesario conocer para determinar el grado de exposición al viento de un edificio?

Para determinar el grado de exposición al viento de un edificio, es necesario conocer:

- La altura de coronación del edificio.
- La zona eólica del lugar donde se ubique del edificio.
- La clase de entorno donde se sitúe el edificio.

6. **Los materiales que se utilizan para evitar la penetración o paso de agua a través de un elemento, se denominan...**

   a. ... aislantes.
   b. **... hidrófugos.**
   c. ... permeables.
   d. ... bentoníticos.

7. **Complete la siguiente oración.**

   Las **inyecciones** son técnica de recalce que consiste en reforzar o consolidar un terreno de cimentación mediante la introducción, en el mismo, de un **mortero** de cemento fluido a presión. Esto se hace con el fin de que se rellenen los **huecos** existentes.

8. **¿Qué diferencia hay entre los revestimientos continuos y los discontinuos?**

   Los revestimientos continuos son aquellos que se aplican en forma de pasta fluida directamente sobre la superficie que se va a revestir. Por otro lado, los revestimientos discontinuos son aquellos que se conforman a partir de piezas (baldosas, lamas, placas, etc.) que pueden ser de materiales naturales o artificiales.

9. **En los encuentros de las fachadas con la carpintería, cuando la carpintería esté retranqueada respecto del paramento exterior de la fachada, el CTE exige que el vierteaguas tenga una pendiente mínima de...**

   a. ... 5º.
   b. **... 10º.**
   c. ... 12º.
   d. ... 15º.

10. **Complete las siguientes oraciones.**

    Se conoce como **carpintería** al conjunto de elementos constructivos que se emplean para completar los huecos de una edificación. Las **ventanas** y puertas son claros ejemplos de elementos de **carpintería**.

El CTE exige que las cubiertas dispongan, entre otros elementos, de un sistema de formación de **pendientes** cuando la cubierta sea **plana** o **inclinada** y su soporte resistente no tenga la **pendiente** adecuada al tipo de protección y de impermeabilización que se vaya a utilizar.

11. **El elemento constructivo que se dispone para evitar que el agua de lluvia discurra por una determinada superficie, se denomina...**

    a. ... junta.
    b. ... paño.
    c. ... goterón.
    d. **... alféizar.**

12. **¿Qué son las limahoyas?**

    Las limahoyas son las líneas de desagüe de una cubierta cuando el encuentro de los faldones forma un ángulo cóncavo respecto al exterior.

13. **Los elementos que atraviesan un elemento constructivo se denominan...**

    a. ... aleros.
    b. ... limas.
    c. **... pasantes.**
    d. Todas las opciones son incorrectas.

14. **Enumere las características que deben tener los revestimientos de impermeabilización.**

    ▪ Deben proporcionar la máxima estanqueidad frente al paso del agua a través del elemento constructivo donde se apliquen.
    ▪ Deben garantizar la ausencia de poros y la eliminación de juntas.
    ▪ Deben presentar un grado de elasticidad adecuado para soportar las retracciones y demás movimientos previstos del material donde vayan adheridos.
    ▪ Deben tener un grado de adherencia adecuado para la superficie donde se apliquen.
    ▪ Deben ser resistentes a las inclemencias meteorológicas, así como a la corrosión por agentes químicos.

15. Para las zonas climáticas C, D o E, el CTE exige que la permeabilidad al aire de los huecos y lucernarios de los edificios no sea mayor de...

    a. ... 10 m^3/h m^2.
    b. ... 23 m^3/h m^2.
    c. ... 27 m^3/h m^2.
    d. ... 50 m^3/h m^2.

Solucionario Capítulo 4

1. **La transmitancia térmica se mide en...**

   a. ... **W/m²K.**
   b. ... W/mK.
   c. ... Wm²/K.
   d. ... W²m/K.

2. **¿Cómo se determina la resistencia térmica de los materiales no homogéneos?**

   Cuando se trate de materiales homogéneos, la resistencia térmica de estos se determina dividiendo su grosor entre la conductividad térmica que presenten.

3. **Complete la siguiente oración.**

   En los suelos, el aislante estará continuamente sometido a cargas y, dada su ubicación, será más probable que entre en contacto directo con **agua** (procedente del terreno, de condensaciones, o también de la propia humedad de obra). Todo esto hace que el **aislante** deba presentar una resistencia adecuada tanto a la **compresión** como a la **absorción** de agua.

4. **Indique la veracidad o falsedad de las siguientes afirmaciones.**

   a. Las cámaras de aire proporcionan mucha más resistencia térmica adicional a los cerramientos verticales en comparación a la que ofrecen los aislantes térmicos actuales.

   ☐ Verdadero
   ☑ **Falso**

   b. En el aislamiento de los cerramientos verticales se plantea la necesidad de conseguir el máximo aislamiento ocupando la menor superficie útil posible.

   ☑ **Verdadero**
   ☐ Falso

5. **Según la posición del aislante, las soluciones de aislamiento de fachadas se suelen clasificar en...**

   ▌ ... intermedio entre dos hojas.
   ▌ ... exterior.

6. **La energía que emite una superficie depende de...**

   a. ... la temperatura absoluta de la misma.
   b. ... la energía emitida por la superficie.
   c. ... la energía que emitiría un cuerpo negro que se encontrase a la misma temperatura.
   d. **Todas las opciones son correctas.**

7. **Complete la siguiente oración.**

   Si el elemento está constituido por distintas capas, la resistencia térmica global (R_t) del mismo se determina **sumando** las **resistencias térmicas** de dichas capas. Para determinar esta resistencia es necesario añadir la resistencia que ofrecen sus **superficies.**

8. **¿En qué elemento constructivo es más habitual la presencia de puentes térmicos? Razone su respuesta.**

   La presencia de puentes térmicos es mucho más habitual en los cerramientos verticales (más que en las cubiertas y suelos), ya que en estos elementos es habitual que se pierda la homogeneidad y continuidad de la envolvente.

9. **¿A qué se suele deber la presencia de puentes térmicos en los cerramientos?**

   ▌ Encuentros del cerramiento vertical con elementos estructurales tales como forjados, vigas y pilares.
   ▌ Huecos de ventanas y elementos similares.
   ▌ Incorrecta instalación del aislamiento térmico.

10. Complete la siguiente oración.

Además de las pérdidas de calor, lo más grave de un puente térmico es que favorece la aparición de **condensaciones superficiales** y, como consecuencia, la formación de **moho,** en la superficie **interior** del puente térmico.

11. ¿Cómo se puede estimar el espesor del aislamiento térmico de los edificios?

El espesor de los aislamientos de una edificación se puede estimar en función de la resistencia térmica exigida para los mismos, ya que el espesor se determina multiplicando dicha resistencia por la conductividad térmica del aislamiento.

12. El flujo de color en el interior de un cerramiento plano homogéneo es:

    a. Desigual.
    b. Uniforme.
    c. Depende de las temperaturas interior y exterior.
    d. Todas las opciones son incorrectas.

13. ¿Qué significa cuando se dice que "un sólido se encuentra en régimen estacionario"?

Significa que el sólido está en equilibrio termodinámico o, lo que es lo mismo, que su temperatura no varía con el tiempo.

14. Complete el siguiente texto.

El vapor de agua que se produce dentro de un local **incrementa** la presión de **vapor** del aire ambiente y esto provoca una diferencia de **presión** de vapor entre los ambientes **interior y exterior.** Esto hace que se produzca un proceso de difusión de vapor a través del cerramiento que separa el local del exterior, desde el ambiente con más presión de **vapor,** por lo general el interior, hacia el ambiente con que tenga una presión de **vapor** más baja, generalmente el exterior.

15. Indique la metodología a seguir para predecir si existirán o no condensaciones en el interior de un cerramiento.

Para predecir si existirán o no condensaciones en el interior de un cerramiento, se puede llevar a cabo la siguiente metodología:

1. Calcular analítica y gráficamente la distribución de temperaturas del cerramiento.
2. Calcular analítica y gráficamente la temperatura de rocío en los puntos del cerramiento, desde su superficie interior hasta la exterior.
3. Se compararán ambas temperaturas. En aquellos puntos en los que la temperatura del cerramiento sea igual o menor que la de rocío, podrán producirse condensaciones intersticiales.

 **Solucionario Capítulo 5**

1. **Las lámparas de bajo consumo...**

   a. ... duran más que las incandescentes.
   b. ... consumen menos que las incandescentes.
   c. ... suelen ser más caras que las incandescentes.
   d. **Todas las opciones son correctas.**

2. **Para mejorar la eficiencia energética de una vivienda, ¿por qué es importante prestar especial atención al consumo energético de los sistemas de climatización y agua caliente?**

   Es necesario porque más de la mitad del consumo de energía de estos edificios procede de los sistemas de climatización y agua caliente.

3. **¿De qué depende principalmente el consumo energético necesario para climatizar adecuadamente una vivienda?**

   El consumo energético para la climatización de una vivienda depende fundamentalmente de:

   ▌ El clima de la zona donde se ubique.
   ▌ El diseño del edificio (aislamiento térmico de cerramientos; orientación del edificio; número, dimensiones y tipo de ventanas, etc.).
   ▌ La tecnología de los sistemas de climatización instalados.
   ▌ Los hábitos y necesidades de los usuarios.

4. **Los dispositivos que son capaces de extraer calor de un sitio y bombearlo hacia otro, se denominan...**

   a. **... bombas de calor.**
   b. ... calderas.
   c. ... radiadores.
   d. ... convectores.

5. Complete la siguiente oración.

Los sensores de **presencia** activan o desactivan automáticamente la iluminación en función de la **presencia** o no de **personas** en una zona determinada.

6. ¿Qué es la inmótica?

La inmótica es la domótica aplicada a los edificios pertenecientes al sector terciario. Esta tecnología permite controlar todas las variables presentes en las distintas zonas de un edificio para ser gestionadas energéticamente, mejorar el confort, la seguridad y las comunicaciones.

7. El consumo energético de las instalaciones de iluminación de los hospitales, supone alrededor del...

    a. ... 10 % del consumo energético total.
    b. ... 35 % del consumo energético total.
    c. ... 75 % del consumo energético total.
    d. ... 90 % del consumo energético total.

8. ¿Qué ventajas pueden aportar, desde el punto de vista de la eficiencia energética de los edificios, el uso de dispositivos de control de iluminación en los centros sanitarios?

Un buen sistema de control de alumbrado permite una iluminación adecuada en los momentos en los que sea necesaria y durante el tiempo que sea preciso. Con este tipo de sistemas se pueden obtener importantes mejoras en la eficiencia energética de los centros sanitarios, además de mantenerse los niveles de iluminación adecuados dependiendo de los usos de los espacios, momento del día, ocupación, etc.

9. Por lo general, los sistemas que más energía consumen en un hospital, son:

    a. Los de alumbrado.
    b. Los de climatización.
    c. Los de ACS.
    d. Todas las opciones son incorrectas.

10. ¿Qué factores deben tenerse en cuenta para que un sistema de alta eficiencia energética contribuya adecuadamente a reducir el consumo de energía en un edificio?

Para que los sistemas de alta eficiencia energética contribuyan a mejorar la eficiencia energética de un edificio determinado, deberán considerarse una serie de factores, tales como:

- Las condiciones climáticas de la localidad.
- Las particularidades propias de la zona donde se ubique el edificio.
- Las exigencias de climatización del interior de la edificación.
- La relación que existe entre coste inicial y la eficacia de los sistemas que se deseen implementar.

11. Complete la siguiente oración.

La energía solar térmica de baja **temperatura** consiste en aprovechar la radiación incidente del Sol para **calentar** un **fluido** a temperaturas que estén por debajo de las de evaporación (por lo general, inferiores a 100 ºC).

12. Enumere las principales aplicaciones de la energía solar térmica en los edificios.

- Producción de ACS.
- Climatización de piscinas.
- Calefacción.

13. Los paneles solares fotovoltaicos generan...

a. ... calor.
b. ... electricidad.
c. ... calor y electricidad.
d. Todas las opciones son incorrectas.

14. Enumere los principales componentes que constituyen una instalación fotovoltaica conectada a red.

- Placas fotovoltaicas de células de silicio.
- Soportes de los paneles solares.
- Inversor u ondulador.
- Sistemas de protección para corriente alterna y continua.
- Contadores.
- Baterías de almacenaje.

15. ¿En qué consiste la integración fotovoltaica de los edificios?

Consiste en sustituir materiales convencionales de construcción por nuevos elementos arquitectónicos fotovoltaicos que son capaces de generar energía eléctrica. Con esta tecnología es posible construir fachadas de edificios que cumplan la doble función de protección y generación de energía.

Solucionario 6
Calificación energética de los edificios

Solucionario Capítulo 1

1. **La formación de condensados sobre la superficie de los cerramientos y las particiones interiores reciben el nombre de...**

    a. ... superficiales.
    b. ... intersticiales.
    c. ... subperficiales.
    d. Las opciones a y b dependiendo de la zona climática.

2. **¿Cómo se realizaría la determinación de una zona climática si no se dispusiera de valores tabulados?**

Se tendría que proceder al cálculo de la severidad climática en las estaciones de invierno y verano. Con estos datos se procederá a identificar la zona climática a la que pertenece el edificio.

	A4	B4	C4	
Severidad climática de verano			C3	D3	E1
	A3	B3	C2	D2	
			C1	D1	
Severidad climática de invierno				

3. **Indique si la siguiente afirmación es verdadera o falsa.**

    a. El aislamiento será mejor a menor valor de la transmitancia térmica (U).

        ☑ **Verdadero**
        ☐ Falso

4. **Para realizar la clasificación de una zona climática se utilizarán...**

    a. ... datos tabulados.
    b. ... datos contrastados.
    c. ... datos de fabricantes de elementos de climatización.
    d. Las opciones a y b según necesidades.

5. **Indique en qué se diferencian una zona de baja carga térmica y una zona de alta carga térmica.**

La zona de baja carga térmica es aquella en la que se prevé poca producción de calor, como por ejemplo las habitaciones de hoteles. Por su parte, la zona de alta carga térmica es aquella en la que se espera una alta producción de calor, como una piscina climatizada.

6. **Para poder aplicar la opción simplificada se deberá cumplir que...**

    a. ... la superficie de los huecos sea inferior al 60 %.
    b. ... la superficie de los huecos sea superior al 60 %.
    c. ... la superficie de lucernarios sea superior al 5 %.
    d. Las opciones a y c son correctas.

7. **¿Qué es el concepto de severidad climática de invierno?**

El concepto de severidad climática de invierno (SCI) es un procedimiento que se utiliza para conocer la zona climática de una edificación a partir de datos contrastados. Para su cálculo se combinarán los grados-día y la radiación solar de la localidad.

8. **El elemento de construcción de fachada que limita con otros elementos ya construidos es:**

    a. La partición exterior.
    b. La fachada exterior.
    c. Las medianeras.
    d. Los colindantes.

9. **Relacione los siguientes edificios con su clase de higrometría.**

  ▌ Clase 4: pista cubierta de pabellón deportivo, restaurante y ducha colectiva.
  ▌ Clase 5: lavandería y sauna.

10. **Indique cuál es la principal causa de la formación de moho sobre la superficie de los cerramientos y las particiones interiores.**

  Está causado por las condensaciones superficiales. Para controlar su formación en las superficies que son susceptibles de absorber una cierta cantidad de agua que pudiera deteriorarlas se controlará la humedad relativa de modo que sea inferior al 80 %.

11. **Los edificios que están exentos de cumplir con la normativa en lo referente a la limitación energética son:**

  a. Los edificios no destinados a usos religiosos.
  b. **Aquellos que por su uso deban permanecer abiertos.**
  c. Los edificios con una previsión de uso menor de 5 años.
  d. Los edificios aislados que posean una superficie útil superior a 50 m².

12. **Defina el concepto de transmitancia térmica.**

  Es la capacidad aislante de un material. Coincide con el inverso de su resistencia térmica.

13. **Complete la siguiente oración.**

  Para **estimular/incentivar** el uso de la eficiencia energética en los **edificios,** la Directiva Europea **2010/31/UE** exige a los estados miembros realizar un control sobre las necesidades **térmicas** a los edificios que pudieran ser **vendidos** o **alquilados,** de modo que se reduzca su consumo **energético** y se contribuya al uso de las energías renovables.

14. ¿Qué significado tienen las siglas siglas CTE-DB_HE??

Código Técnico de la Edificación en el Documento Básico de Ahorro Energético.

15. Indique en qué se diferencian una zona habitable y una zona no habitable.

Se denomina espacio habitable a aquel que está formado por uno o más recintos habitables destinados al mismo uso y con idénticas condiciones térmicas. A su vez, los espacios no habitables son aquellos no destinados a la permanencia de personas.

Solucionario Capítulo 2

1. **El valor del indicador energético principal se realizará...**

   a. ... a partir de las emisiones anuales de CO_2.
   b. ... a partir de la energía primaria anual.
   c. ... durante un funcionamiento forzado de las instalaciones del edificio.
   d. Las opciones a y b son correctas.

2. **Indique cómo se clasifican los edificios según su grado de similitud.**

   Por una parte, los edificios destinados a uso residencial, haciendo diferencia entre las viviendas unifamiliares y los bloques de viviendas. Por otro lado, los edificios no destinados a uso residencial.

3. **Indique si la siguiente afirmación es verdadera o falsa.**

   a. La calificación de clase A indica que un edificio tiene las mejores características en lo referente a certificación energética.

   ☑ **Verdadero**
   ☐ Falso

4. **¿Qué significado tienen las siglas CE3?**

   Pertenece a programas informáticos reconocidos para la realización de la certificación energética de edificios.

5. **¿Cómo se llevará a cabo la certificación energética de edificios de nueva construcción?**

   En primer lugar, se deberá obtener la certificación de eficiencia energética del proyecto. Posteriormente, se deberá poseer la certificación energética del edificio terminado.

6. **Indique qué sucedería si tras la ejecución de un edificio se alcanza una calificación inferior a la que se obtuvo en el proyecto.**

Si tras la ejecución del edificio no se alcanza la calificación prevista, se deberá modificar el certificado de eficiencia energética del proyecto.

7. **Haga referencia a lo que debería incluir el certificado de eficiencia energética de un edificio terminado.**

  ▌ Documentación identificativa del edificio.
  ▌ Especificación de la normativa energética que es de aplicación en el momento de la construcción.
  ▌ Indicación de la opción elegida, bien sea general o simplificada, así como la herramienta informática utilizada para obtener la calificación energética del edificio.
  ▌ Descripción de las características energéticas del edificio. Se incluirán datos como la envolvente térmica, las condiciones normales de funcionamiento, el tipo de instalaciones, el nivel de ocupación y demás datos necesarios para la obtención de la certificación energética.
  ▌ La correspondiente etiqueta energética con su calificación indicada.
  ▌ Indicación de los procesos y las inspecciones llevadas a cabo durante la ejecución del edificio para verificar la información contenida en el certificado de eficiencia energética.

8. **El procedimiento de control de los certificados de eficiencia energética será responsabilidad de...**

  a. ... el ayuntamiento de la ciudad donde se ubique el edificio.
  b. **... la comunidad autónoma.**
  c. ... el Ministerio de Industria y Turismo.
  d. ... cualquiera de las anteriores, lo importante es que el certificado esté registrado.

9. **Si se posee un certificado de eficiencia, tras realizar importantes obras de mejora en una vivienda, ¿se deberían actualizar los datos en el registro?**

   a. No, la certificación de un inmueble es única y no podrá modificarse bajo ningún concepto.
   b. Sí, solo únicamente cuando lo consideren oportuno los organismos responsables tras realizar una inspección de control.
   c. **Sí, cuando el propietario lo considere adecuado.**
   d. Sí, cada 5 años, y como norma general, se deberá llevar a cabo una revisión aunque no se hayan hecho reformas.

10. **Haga una relación de los principios que rige el certificado de eficiencia energética.**

   La correspondiente inscripción de los certificados en los registros de cada comunidad autónoma tiene como objetivo final:

   ▮ Acreditar al beneficiario para la posesión de la correspondiente etiqueta energética.
   ▮ Informar sobre las características energéticas del edificio, el estado de sus instalaciones, su envolvente térmica, las condiciones de funcionamiento y la ocupación.
   ▮ Servir como instrumento de control para los organismos correspondientes a la certificación energética.
   ▮ Permitir a la Administración la elaboración de estudios y estadísticas que permitan mejorar los procedimientos en materia de eficiencia energética.

11. **Indique si la siguiente afirmación es verdadera o falsa.**

   a. Está permitido, mientras se obtiene el correspondiente certificado, el uso de etiquetas o símbolos que guarden relación con la certificación energética de un edificio aunque este no cumpla con los requisitos.

      ☐ Verdadero
      ☒ **Falso**

12. **Las tablas de soluciones técnicas se clasifican en...**

    a. ... viviendas unifamiliares y viviendas en bloques.
    b. ... edificios residenciales y edificios no residenciales.
    c. ... zonas climáticas.
    d. **Las opciones a y c son correctas.**

13. **Defina el concepto de compacidad.**

    Relación entre el volumen encerrado por la envolvente térmica del edificio y la suma de las superficies de la propia envolvente.

14. **Complete la siguiente oración.**

    En el supuesto de que los **parámetros característicos** del edificio **no** permitan su inclusión en alguna de las **opciones** propuestas, o bien algunos de sus valores quede indicado mediante **el signo –,** el edificio obtendrá una clase de eficiencia **E.**

15. **Indique en qué se diferencian los distintos sistemas de climatización estudiados en el transcurso del capítulo.**

    Sistema de gas natural completo: caracterizado por ser un sistema centralizado y por realizar, en función de las características del edificio, la distribución en uno o varios circuitos. La producción de calor se realizará mediante una caldera con un rendimiento del 95 %. Por otra parte, la generación de frío se llevará a cabo mediante una máquina de absorción de simple efecto.

    Sistema de gas natural eléctrico: al igual que en el caso anterior, se tratará de un sistema centralizado. La producción de calor se realizará mediante una caldera con un rendimiento del 95%. Por otra parte, la generación de frío se realizará mediante una enfriadora del tipo Rooftop.

    Sistema eléctrico: caracterizado por realizar una climatización tipo Multi-Split (VRV) que suministra calor y frío a los recintos. En este tipo de sistema, cada una de las unidades exteriores está conectada a una o varias unidades interiores.

Solucionario Capítulo 3

1. **El real decreto en vigencia, mediante el cual se dan las indicaciones pertinentes para la obtención del certificado energético, es:**

   a. **El Real Decreto 390/2021.**
   b. El Real Decreto 47/2007.
   c. El Real Decreto 314/22006.
   d. El Real Decreto 1027/2007.

2. **¿Cuál es la fecha límite de validez del certificado energético?**

   10 años

3. **Indique si la siguiente afirmación es verdadera o falsa.**

   a. La limitación de demanda energética establece los requisitos que deben cumplir las estructuras de los edificios para proporcionar un adecuado bienestar térmico a los usuarios.

   ☐ Verdadero
   ☑ **Falso**

4. **La aplicación de la eficiencia energética en las instalaciones de iluminación tendrá diversas excepciones, entre ellas...**

   a. ... cuando se alteren edificios de carácter histórico o arquitectónico.
   b. ... las instalaciones de alumbrado de emergencia.
   c. ... las instalaciones exteriores de viviendas.
   d. **Las opciones a y b son correctas.**

5. **¿Qué significado tienen las siguientes siglas?**

   a. VEEI: **valor de eficiencia energética de la instalación.**
   b. BOCYL: **Boletín Oficial de Castilla y León.**
   c. RITE: **Reglamento de Instalaciones Térmicas en los Edificios.**

6. **El certificado energético fue obligatorio a partir del...**

    a. ... 1 de enero de 2020.
    b. ... 31 de diciembre de 2013.
    c. ... 1 de junio de 2013.
    d. ... según las necesidades del mercado inmobiliario.

7. **Haciendo referencia a la contribución de la eficiencia energética en iluminación, relacione cada actividad de una zona determinada con el valor límite de VEEI correspondiente.**

    a. Supermercado:
    b. Andén de estación:
    c. Laboratorio:
    d. Habitación de hotel:

    b. 3,5.
    d. 12.
    c. 4.
    a. 6.

8. **¿En qué consiste un certificado energético?**

Se trata de un informe que refleja la eficiencia de un inmueble en referencia al consumo energético para obtener unas condiciones óptimas de confort. Para su clasificación se utiliza una etiqueta energética.

9. **Indique qué frecuencia de mantenimiento se necesitaría para los siguientes elementos que forman parte del sistema de producción de agua caliente sanitaria.**

    a. Sonda de temperatura: **12 meses**
    b. Purgador automático: **12 meses**
    c. Captadores: **6 meses**
    d. Vaso de expansión: **6 meses**

10. Defina el concepto de plan de mantenimiento preventivo.

Es un tipo de mantenimiento que permite mantener la durabilidad de las instalaciones realizando operaciones de inspección visual.

11. Según indica la Directiva 2010/31/CE, la responsabilidad de establecer unos valores mínimos de eficiencia energética es responsabilidad de...

    a. ... la Unión Europea.
    b. ... cada país individualmente y no revisable.
    c. ... cada país individualmente y revisable periódicamente.
    d. ... cada grupo de países agrupados según condiciones climáticas similares.

12. Si se reside en territorio andaluz, ¿qué procedimientos se podrían seguir para tramitar el registro de un certificado energético?

Presentación telemática: a través de una dirección de Internet que requerirá previamente de un certificado de identificación.

Presentación presencial: a través de la cual toda la documentación será presentada en el correspondiente registro de la delegación provincial de la Consejería de Industria, Energía y Minas.

13. Complete la siguiente oración.

Para intentar cumplir con el **Protocolo de Kioto** sobre el cambio climático, la Unión Europea ha adquirido como **compromiso** mantener por **debajo de los 2 ºC** el aumento de la temperatura de calentamiento. Para ello, está desarrollando diversas normativas con el objetivo de fomentar el uso de las **energías renovables** y llevar a cabo un **consumo responsable** de la energía.

14. ¿Qué debería responder si le imponen contratar a una determinada empresa para obtener el certificado energético de su vivienda?

Como propietario de una vivienda, puede decidir libremente la empresa que desee para obtener el correspondiente certificado energético.

15. Indique qué dos tipos de producción de energía solar se tratan durante el desarrollo del capítulo.

Energía solar térmica y energía solar fotovoltaica.

Solucionario 7
Programas informáticos en eficiencia energética en edificios

Solucionario Capítulo 1

1. **¿Cuál de las siguientes opciones no es una forma de transferencia de energía térmica?**

   a. Convección.
   b. Consecución
   c. Conducción.
   d. Radiación.

2. **Defina qué se entiende por "masa térmica del edificio".**

   La masa térmica del edificio se corresponde con el cerramiento de este.

3. **La resistencia térmica es:**

   a. Una propiedad que indica la capacidad que tiene un material para oponerse al paso de energía térmica.
   b. Una propiedad que indica la capacidad que tiene un material para oponerse al paso de energía eléctrica.
   c. Una propiedad que indica la capacidad que tiene un material para almacenar energía térmica.
   d. Todas las opciones son incorrectas.

4. **Indique si las siguientes afirmaciones son verdaderas o falsas.**

   a. A mayor masa térmica, mayor capacidad de almacenar energía térmica.

   ☑ **Verdadero**
   ☐ Falso

   b. Al disminuir la resistencia térmica de un edificio aumenta su masa térmica.

   ☐ Verdadero
   ☑ **Falso**

c. En los sistemas de acristalamiento, la transferencia de energía se realiza únicamente por radiación.

☐ Verdadero
☑ **Falso**

5. **Indique sobre cada flecha a qué proceso de los que se producen en la radiación al incidir sobre el vidrio de un sistema de acristalamiento se corresponde.**

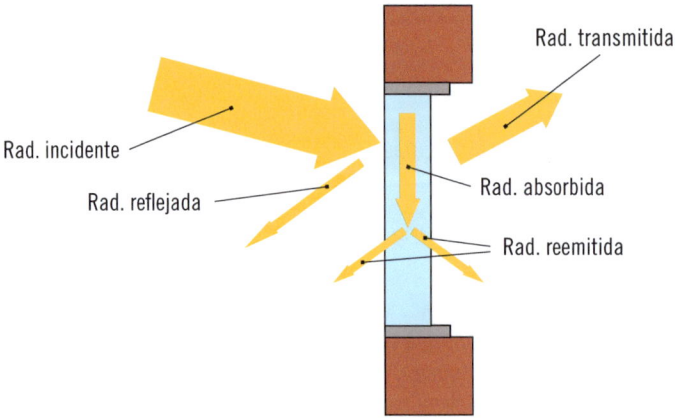

6. **¿Cómo se denominan las dos aplicaciones *software* de simulación energética de edificios que han sido tratadas en el texto?**

EnergyPlus y eQuest.

7. **Un archivo BDL es:**

a. Un archivo donde se almacenan las características del material constructivo.
b. **Un archivo que representa el modelo de definición de la edificación.**
c. Un archivo de datos meteorológicos.
d. Todas las opciones son incorrectas.

8. **Si la conductividad térmica de la madera es de 0,13 W/m·K, ¿cuál será la resistencia térmica que presenta un muro de madera de 0,08 m de espesor?**

$$R = \frac{L}{k} = \frac{0,08}{0,13} = 0,61 W / K$$

9. **Defina qué se entiende por factor U.**

Cantidad de calor transmitida por unidad de superficie y tiempo, suponiendo que existe una diferencia de temperatura de 1 K (1 °C) entre los ambientes a ambos lados de los extremos del acristalamiento, teniendo en cuenta los procesos de conducción, convección y radiación.

10. **Un puente térmico es:**

    a. Un elemento del cerramiento de un edificio que permite unir dos partes del edificio.

    b. Un elemento del cerramiento de un edificio de baja resistencia térmica.

    c. **Un elemento del cerramiento de un edificio donde se fija el sistema de acristalamiento.**

    d. Todas las opciones son incorrectas.

11. **¿Qué se entiende por modelo-D en un programa de simulación energética de edificios?**

El modelo-D es aquel que se crea para describir las propiedades constructivas de un edificio, como son su forma geométrica, los materiales con los que está construido, etc.

12. **¿Cuál de los siguientes no es un tipo de datos de entrada para el programa eQuest?**

    a. Descripción de la edificación.

    b. Datos meteorológicos.

    c. **Datos de control.**

    d. Librerías.

13. Indique si las siguientes afirmaciones son verdaderas o falsas.

a. EnergyPlus presenta interfaz gráfica de entrada de datos amigable.

☐ Verdadero
☑ **Falso**

b. EnergyPlus permite la entrada de datos meteorológicos de ciudades de España.

☑ **Verdadero**
☐ Falso

c. EnergyPlus presenta los resultados de forma gráfica.

☐ Verdadero
☑ **Falso**

14. Una con flechas las imágenes al elemento asociado.

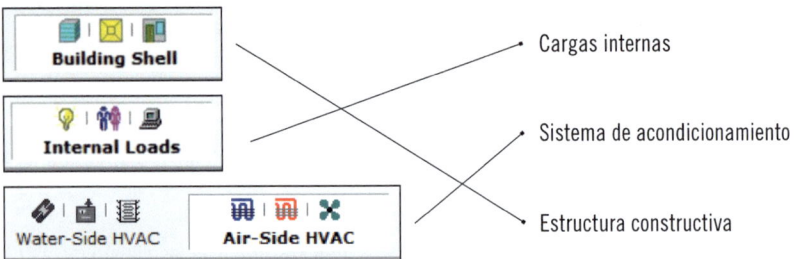

Solucionario Capítulo 2

1. **¿Cuál es el objetivo del programa la Herramienta Unificada LIDER-CALENER?**

   Aplicación *software* para el cálculo de las necesidades de demanda energética de un edificio en función de sus características constructivas y la comprobación de si cumple la reglamentación establecida.

2. **La orientación del edificio se toma en referencia al...**

   a. ... Norte.
   b. ... Sur.
   c. ... Este.
   d. ... Oeste.

3. **¿Cuál es el documento básico en el que se basa el *software* para el cálculo de la limitación de la demanda energética?**

   Documento básico HE 1, Limitación de demanda energética, del Código Técnico de la Edificación.

4. **¿Cuál de los siguientes no es un tipo de base de datos para utilizar en la Herramienta Unificada LIDER-CALENER?**

   a. Base de datos del usuario.
   b. Base de datos del programa.
   c. Base de datos del edificio.
   d. Base de datos auxiliares.

5. **Indique si las siguientes afirmaciones son verdaderas o falsas.**

   a. La Herramienta Unificada LIDER-CALENER proporciona una amplia base de datos de materiales y productos de construcción.

   ☑ **Verdadero**
   ☐ Falso

b. Las puertas se incluyen como un tipo especial de cerramiento dentro del apartado de cerramientos y particiones.

☐ Verdadero
☑ **Falso**

c. Cuando se incluye un nuevo material siempre hay que indicar su resistencia térmica.

☐ Verdadero
☑ **Falso**

6. **Explique mediante un diagrama cómo se incluiría un nuevo material constructivo del edificio que no se encuentre en la base de datos del programa.**

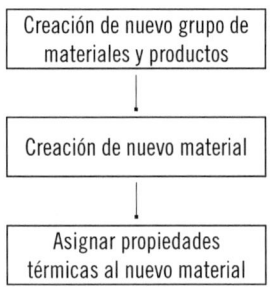

7. **Supóngase que se incorpora a las ventanas de un edificio en estudio un elemento de protección solar que consiste en un voladizo centrado con respecto a la ventana con una inclinación de 15°, una distancia a la parte superior del marco de 0,50 m y cuyas dimensiones son las siguientes:**

▌ **Anchura: 1,20 m.**
▌ **Profundidad: 0,8 m.**

Cumplimente los datos de la siguiente imagen:

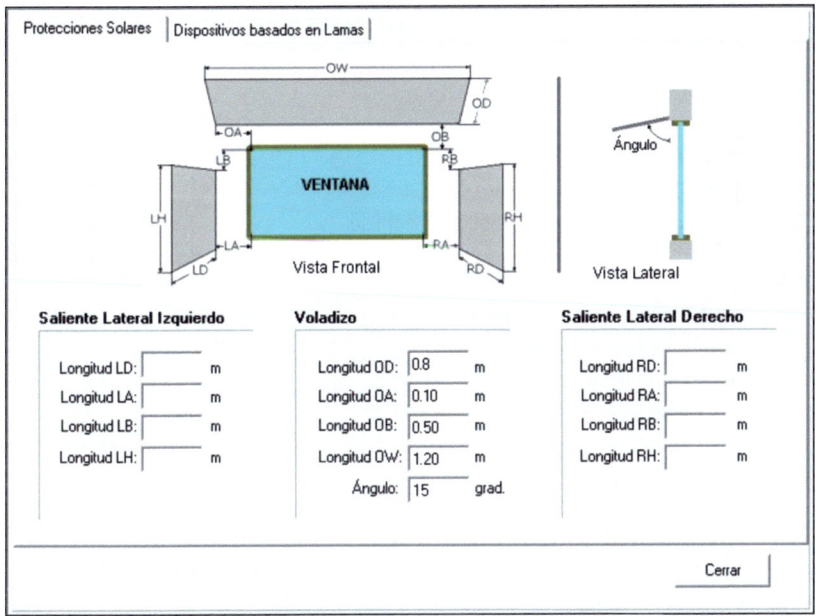

8. Relacione los elementos de la imagen siguiente con su correspondiente significado.

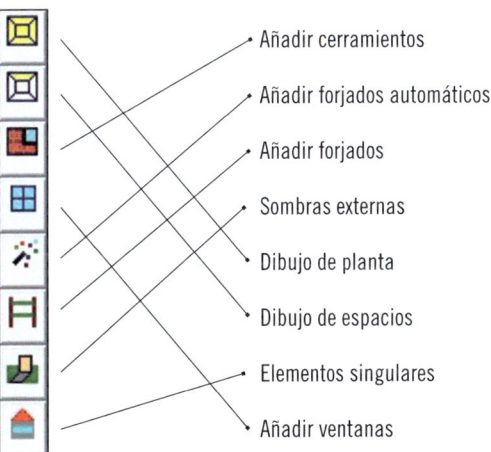

9. ¿Qué tipos de elementos singulares permite añadir el programa?

- Cubiertas inclinadas.
- Cerramientos exteriores inclinados.
- Cerramientos en contacto con el terreno.
- Muro trombe.
- Medianera.
- Elemento de sombra propios del edificio.

10. ¿Cuál de las siguientes afirmaciones es cierta?

a. Los vértices de los elementos se deben dibujar en sentido horario.
b. Los vértices de los elementos se deben dibujar en sentido antihorario.
c. El sentido en el que se dibujan los vértices de los elementos es indiferente.
d. Todas las opciones son incorrectas.

11. La Herramienta Unificada LIDER-CALENER permite la introducción de planos para ser usados como plantillas, ¿en qué tipo de formato de archivo gráfico deben estar estos planos?

.DXF y .BMP.

12. Indique el significado de los elementos de la siguiente barra de herramientas.

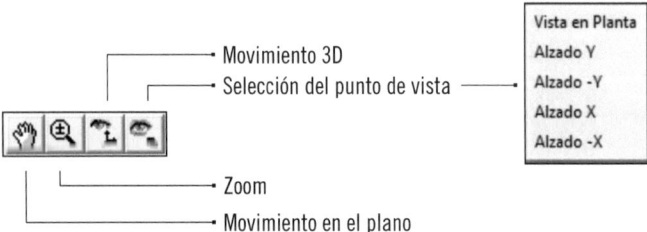

13. Describa el proceso de creación de una puerta en la Herramienta Unificada LIDER-CALENER.

1. Se crea un grupo de vidrios nuevo al que se le puede denominar Puertas.
2. A este grupo se le añade un vidrio nuevo cuyas características térmicas son las de la puerta.
3. Se crea un nuevo grupo de Huecos y lucernarios.
4. Se crea un nuevo hueco y se le asigna el material del vidrio sin marco.

14. Si se le quiere decir a la aplicación que incluya un tejado inclinado por medio del comando de inserción de elementos singulares, ¿en qué herramienta habría que apoyarse?

a. Insertar vértices.
b. Líneas auxiliares 2D.
c. **Líneas auxiliares 3D.**
d. Todas las opciones son incorrectas.

15. Indique si las siguientes afirmaciones son verdaderas o falsas.

a. En la Herramienta Unificada LIDER-CALENER se obtiene como resultado un informe donde se indica si el edificio cumple o no la reglamentación.

☑ **Verdadero**
☐ Falso

b. Si el edificio cumple la reglamentación se puede decir que está certificado energéticamente.

☐ Verdadero
☑ **Falso**

c. La Herramienta Unificada LIDER-CALENER proporciona datos medios de demanda de calefacción y refrigeración del edificio.

☑ **Verdadero**
☐ Falso

Solucionario Capítulo 3

1. **¿Cuál es el objetivo de los programas CALENER-VYP y CALENER-GT?**

El objetivo de CALENER-VYP es la cualificación energética de edificios de viviendas y edificios del sector terciario pequeños.

El objetivo de CALENER-GT es la cualificación energética de edificios del sector terciario de grandes dimensiones.

2. **¿Cuál de las siguientes afirmaciones es correcta?**

   a. En CALENER-VYP, un proyecto se empieza siempre introduciendo los datos desde cero.
   b. CALENER-VYP permite iniciar el proyecto a partir de los datos introducidos en la herramienta unificada LIDER–CALENER.
   c. **Para llevar a cabo un proyecto es obligatorio empezar a partir de los datos proporcionados por la herramienta unificada LIDER–CALENER.**
   d. CALENER-VYP empieza un proyecto a partir de los datos proporcionados por CALENER-GT.

3. **¿Cuáles son las limitaciones que presenta CALENER?**

La limitación aparece a la hora de la cualificación energética de viviendas usadas debido a la necesidad de una nueva escala de cualificación y la realización de métodos abreviados de certificación.

4. **¿Cuál de los siguientes no es un tipo de sistema incluido en CALENER-VYP?**

   a. Sistema mixto de calefacción de agua caliente sanitaria.
   b. Sistema de solo frío.
   c. **Torres de refrigeración.**
   d. Sistema de agua caliente sanitaria.

5. **Indique si las siguientes afirmaciones son verdaderas o falsas.**

   a. CALENER-VYP no permite modificar el modelo 3D proporcionado por la Herramienta Unificada LIDER-CALENER.

   ☐ Verdadero
   ☑ **Falso**

   b. Entre los resultados obtenidos por CALENER-VYP se encuentra la etiqueta de eficiencia energética del edificio en estudio.

   ☑ **Verdadero**
   ☐ Falso

   c. En CALENER-VYP, el sistema de ACS está siempre ligado con el sistema de calefacción.

   ☐ Verdadero
   ☑ **Falso**

   d. Los resultados obtenidos tras la simulación son los relacionados solo con el consumo energético del edifico.

   ☐ Verdadero
   ☑ **Falso**

6. **¿Qué entiende por "factores de corrección"?**

   Conjunto de curvas o tablas que permite establecer el comportamiento de un equipo conforme varían sus magnitudes asociadas.

7. **Mediante un diagrama, exprese los principales pasos a seguir para indicarle a CALENER-VYP los sistemas involucrados en el proceso de calificación.**

   a. Cálculo de la demanda de ACS.
   b. Especificación de las unidades terminales.
   c. Especificación de los equipos de climatización y de ACS.
   d. Configuración a partir de las unidades terminales y los equipos incluidos en el proyecto concreto.

8. **Seleccione a qué grupo pertenece cada uno de los equipos siguientes.**

Grupos

    1. Calefacción eléctrica unizona.
    2. Caldera eléctrica o de combustible.
    3. Expansión directa bomba de calor aire-agua.
    4. Expansión directa aire-aire solo frío.
    5. Expansión directa aire-aire bomba de calor.
    6. Unidad exterior en expansión directa.

Equipos

    2. EQ_Caldera-Convencional-Defecto.
    4. EQ_ED_Aire_SF-Defecto.
    1. EQ_CalefacciónElectrica-Defecto.
    6. EQ_ED_UnidadExterior-Defecto.
    3. EQ_Caldera-ACD-Eléctrica-Defecto.
    5. EQ_ED_AireAire_BDC-Defecto.

9. **Defina qué se entiende por "sistemas" en CALENER-VYP.**

Conjunto de equipos y unidades terminales que permite llevar a cabo la climatización y el calentamiento del agua sanitaria en una edificación.

10. **¿Cuál de las siguientes afirmaciones es cierta?**

    a. CALENER-GT tiene por objetivo la cualificación de viviendas grandes.
    b. CALENER-GT está diseñado para ser usado solo en edificios de la Administración Pública.
    c. **CALENER-GT tiene por objetivo la cualificación energética de edificios grandes del sector terciario.**
    d. Todas las opciones son incorrectas.

11. En la siguiente figura se presenta el esquema de un sistema de refrigeración posible para un edificio del sector gran terciario. Identifique los distintos componentes del esquema.

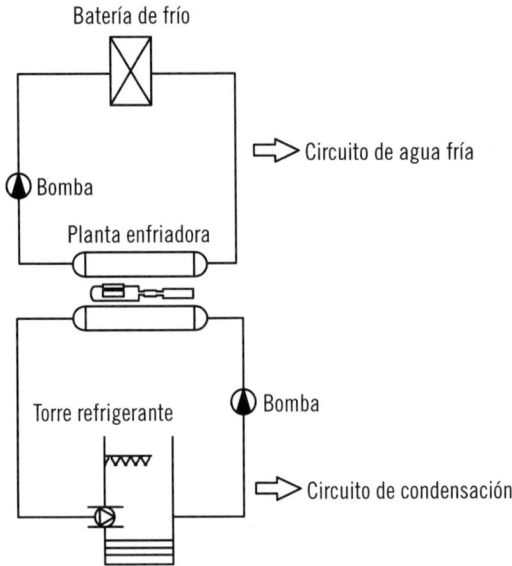

12. Indique si las siguientes afirmaciones son verdaderas o falsas.

a. CALENER-GT no tiene en cuenta los horarios de ocupación del edificio.

☐ Verdadero
☑ **Falso**

b. El modelo 3D en CALENER-GT permite la inclusión de elementos de sombra ajenos a la edificación.

☑ **Verdadero**
☐ Falso

    c. En CALENER-GT es posible indicar un porcentaje de producción de ACS por energía solar.

> ☑ **Verdadero**
> ☐ Falso

13. ¿Cuál de las siguientes afirmaciones es correcta?

    a. En CALENER-GT, una zona climática puede estar climatizada por medio de varios subsistemas secundarios.

    b. Los subsistemas primarios en CALENER-GT son los que proporciona el acondicionamiento del aire.

    c. En CALENER-GT existen tres tipos de zonas: acondicionadas, no acondicionadas y plenum.

    d. Todas las opciones son incorrectas.

14. Indique por medio de un diagrama cuál es el flujo de trabajo en CALENER-GT.

Definición de componentes.

- Datos generales.
- Definición de polígonos.
- Datos constructivos.

    - Materiales → conjunto de capas → composición de cerramientos.
    - Acristalamientos.

- Definición de horarios de ocupación.
- Análisis de curvas de comportamiento.

Definición de la geometría del modelo 3D.

- Planta → espacio → cerramientos → ventanas o puertas.

Definición de sistemas primarios.

Definición de sistemas secundarios.

15. Indique cuál es la aplicación de cada subsistema de la siguiente figura.

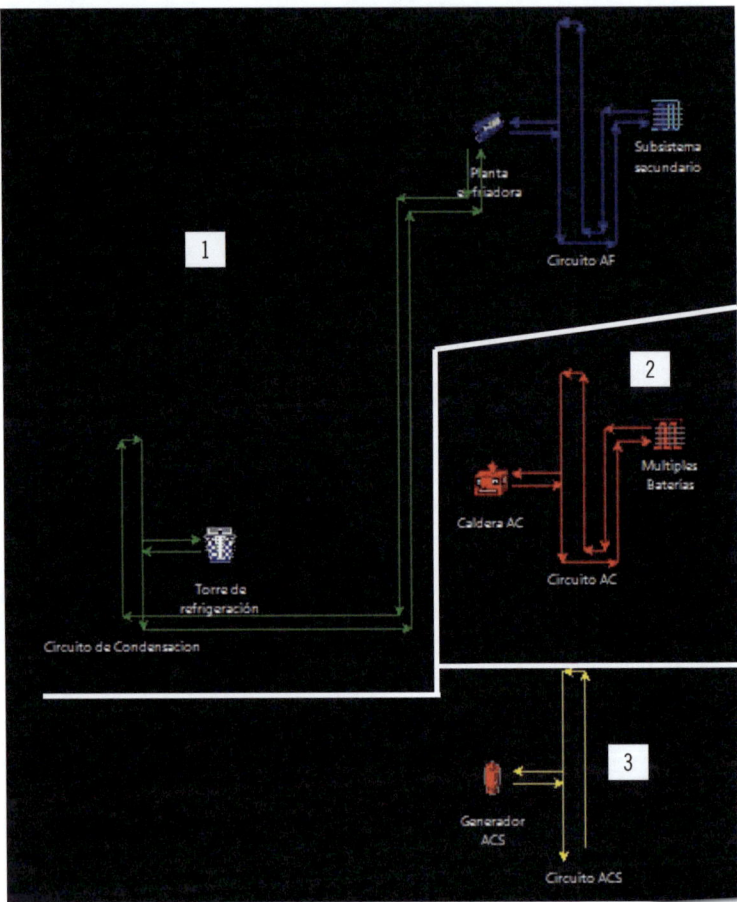

1. Subsistema de refrigeración.
2. Subsistema de calefacción.
3. Subsistema de agua caliente sanitaria.

Solucionario 8

Instalaciones eficientes de suministro de agua y saneamiento en edificios

Solucionario Capítulo 1

1. **Los aparatos sanitarios se encuentran dentro de los denominados "locales...**

    a. ... de baño".
    b. ... húmedos".
    c. ... de consumo".
    d. ... de limpieza".

2. **Indique la ventaja fundamental para el consumidor cuando dispone de una red mallada de suministro. Realice un croquis con la situación de la estación depuradora y los depósitos reguladores.**

La red mallada permite la distribución de agua a las poblaciones de manera más coherente, utilizando circuitos cerrados que permiten el abastecimiento desde al menos dos puntos y evitando el corte temporal en el suministro, ya que se puede realizar otra toma desde el anillo que rodea el edificio.

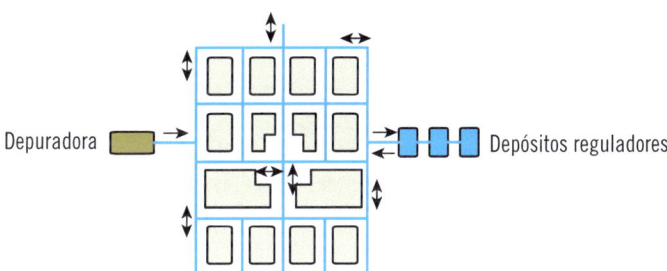

3. **Complete los cuadros de simbología en fontanería escribiendo el nombre del símbolo o el símbolo del nombre en cada caso.**

⊃—○	Acometida	(símbolo)	Grupo de contadores (centralizados)	▷	Válvula reductora	
⋈	Llave de paso general	——	Canalización de agua fría	∖	Válvula de retención	
—⋈▣⋈—	Contador general	◎	Depósito acumulador			
▯	Contador divisionario	⊘	Grupo de presión			

4. **¿Qué significan las siglas NTE?**

   a. Normalización Tecnológica de España.
   b. Norma Tecnológica de la Edificación.
   c. Normas para el Transporte por España.
   d. Norma Técnica en Edificación.

5. **En los criterios de diseño especificados en el Código Técnico de Edificación, ¿qué deben llevar obligatoriamente los montantes de elevación de agua?**

   a. Un purgador en cada entrada a vivienda.
   b. Un ariete para eliminar presiones.
   c. Un contador a la entrada en cada vivienda.
   d. Una llave de paso con grifo de vaciado.

6. **Los montantes de las instalaciones de fontanería son los encargados de...**

   a. ... repartir el agua a los locales húmedos.
   b. ... elevar el agua hasta las plantas del edificio.
   c. ... eliminar el aire para evitar los "golpes de ariete".
   d. ... distribuir el ACS desde la caldera.

7. **Indique si las siguientes afirmaciones son verdaderas o falsas.**

   a. El cobre necesita protección en el montaje a la intemperie.

      ☐ Verdadero
      ☑ **Falso**

   b. El acero galvanizado se utiliza en instalaciones de calefacción por agua.

      ☐ Verdadero
      ☑ **Falso**

   c. Las macromoléculas que constituyen los materiales poliméricos están formadas por secuencias de átomos de carbono.

      ☑ **Verdadero**
      ☐ Falso

   d. Los elastómeros tienen una estructura muy reticulada con macromoléculas, de elasticidad similar al teflón.

      ☐ Verdadero
      ☑ **Falso**

   e. En la combinación de materiales para fontanería no se debe instalar nunca el cobre delante del acero.

      ☑ **Verdadero**
      ☐ Falso

8. **En los grifos, los elementos de goma...**

   a. **... aseguran que el cierre es gradual, evitando los golpes de ariete.**
   b. ... se emplean para que el agua quede estancada.
   c. ... sirven para evacuar la presión por sus poros.
   d. ... no existen.

9. **El grifo de cierre automático de gran caudal se denomina...**

   a. **... fluxor.**
   b. ... grifo montante.
   c. ... llave de presión.
   d. ... purgador de aire.

10. **En la primera columna se indican los símbolos normalizados de las instalaciones de fontanería y en la segunda las denominaciones. Una con números cada símbolo con su denominación.**

1		Fluxor
2		Llave de paso
3		Local húmedo
4		Llave de compuerta
5		Llave de paso con grifo de vaciado
6		Montante
7		Filtro
8		Llave de toma de carga
9		Grifo de comprobación
10		Depósito de presión

11. Realice un esquema en el que se observe el flotador en el interior de un depósito acumulador de agua.

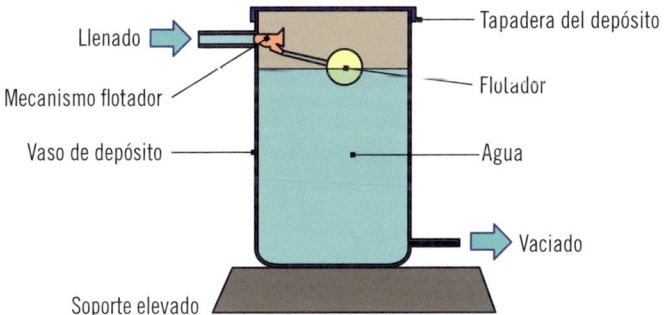

Llenado
Tapadera del depósito
Mecanismo flotador
Flotador
Vaso de depósito
Agua
Vaciado
Soporte elevado

12. La colocación del grifo de ACS en un aparato sanitario o de consumo, según el punto de vista del consumidor, debe ser...

    a. ... a su derecha.
    b. ... indistinto.
    c. ... como sea, el fontanero ya lo sabe.
    d. ... a su izquierda.

13. En el cálculo de las instalaciones de fontanería, el caudal máximo (Q_m) corresponde...

    a. ... al caudal de todos los grifos abiertos.
    b. ... al caudal real corregido por el coeficiente KA.
    c. ... al caudal de ACS en locales húmedos.
    d. ... al caudal aún no corregido por el coeficiente de simultaneidad KE.

14. Complete.

La bomba hidráulica se utiliza para dar **movimiento** al agua en las instalaciones de fontanería, la cual cuenta con unas **paletas** móviles que se encuentran unidas al **rotor** del motor eléctrico que lo hace funcionar por medio de **resortes**.

15. **Disponer una cubierta envolvente de material aislante en las tuberías de transporte de Agua Caliente Sanitaria es:**

        a.   ... aislar.
        b.   ... atemperar.
        c.   ... calentar.
        d.   ... calorifugar.

Solucionario Capítulo 2

1. **El saneamiento que se monta en los locales húmedos se denomina...**

   a. ... red de evacuación local.
   b. ... saneamiento particular.
   c. **... red de pequeña evacuación.**
   d. ... pequeño saneamiento en LH.

2. **¿En cuál de estos aparatos sanitarios y de consumo no se debe utilizar bote sifónico?**

   a. Lavabo.
   b. **Fregadero.**
   c. Bidé.
   d. Bañera.

3. **Dibuje en sección una arqueta sifónica e indique dónde se debe instalar en la red de saneamiento enterrado de los edificios y para qué se utiliza.**

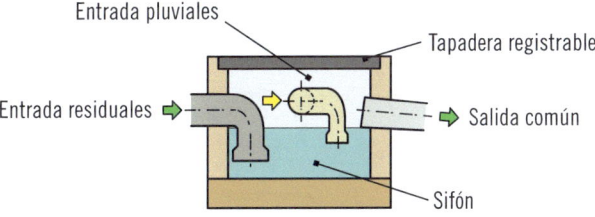

El sifón es el elemento que evita la transmisión de gases nocivos

La arqueta sifónica es el elemento que se coloca al final de la red de saneamiento y que sirve como unión de los dos tipos de aguas residuales y pluviales para el aislamiento de los olores y el paso de los gases hacia la red pluvial.

4. **El fibrocemento es un material que se utiliza en los colectores enterrados de la red de saneamiento y está compuesto por...**

    a. ... cemento y fibra.
    b. ... aglomerante hidráulico y fibras.
    c. ... fibras orgánicas y cemento gris.
    d. ... aglomerante aéreo y fibra de cáñamo.

5. **En la columna A se indican elementos de la red de evacuación en los locales húmedos de una vivienda y en la B las distancias máximas de los recorridos de evacuación. Indique qué letra se corresponde con cada número.**

    1. Inodoro.
    2. Lavabo.
    3. Bidé.
    4. Bote sifónico.
    5. Fregadero.
    6. Bañera.

    a. 4 metros.
    b. 2,5 metros.
    c. 1 metro.
    d. 2 metros.

    a. **5.**
    b. **2, 3 y 6.**
    c. **1.**
    d. **4.**

6. **Complete.**

Cuando se realice la unión de **colectores** colgados en sistemas no separativos de aguas residuales y **pluviales,** esta se realizará al menos con **3** metros de separación en el colector principal para evitar que los **gases** nocivos de las aguas residuales puedan ascender por la red de **ventilación.**

7. **Los colectores enterrados deben montarse en zanjas especialmente diseñadas, uniendo las diferentes arquetas...**

    a. **... con una pendiente mínima del 2%.**
    b. ... con una distancia mínima de 5 metros.
    c. ... con una inclinación mínima de 10º.
    d. ... con una pendiente máxima del 5%.

8. **Indique si las siguientes afirmaciones son verdaderas o falsas.**

    a. Las superficies interiores de los cierres hidráulicos no deben retener materias sólidas pero sí pueden tener partes móviles.

        ☐ Verdadero
        ☑ **Falso**

    b. Un bote sifónico no debe dar servicio a aparatos sanitarios no dispuestos en el cuarto húmedo donde esté instalado.

        ☑ **Verdadero**
        ☐ Falso

    c. El radio del sifón debe ser igual o mayor que el diámetro de la válvula de desagüe e igual o menor que el del ramal de desagüe.

        ☐ Verdadero
        ☑ **Falso**

    d. El desagüe de fregaderos, lavaderos y aparatos de bombeo (lavadoras y lavavajillas) debe hacerse con sifón individual.

        ☑ **Verdadero**
        ☐ Falso

9. **En una arqueta de paso, como máximo, pueden existir...**

    a. **... dos colectores.**
    b. ... tres colectores.
    c. ... cuatro colectores.
    d. ... hasta cinco colectores, en construcciones de difícil montaje.

10. ¿Qué se consigue mediante el lecho de arena donde se apoyan los colectores enterrados?

Absorber los movimientos y las vibraciones que se pueden generar en los ciclos de descarga.

11. En la ventilación primaria, las bajantes de aguas residuales deben prolongarse al menos 1,30 m por encima de la cubierta del edificio si esta no es transitable. ¿Cuánto se debe prolongar sobre el pavimento de la terraza si la cubierta es transitable?

La prolongación debe ser de al menos 2 m sobre el pavimento de la misma.

12. Dibuje con línea de trazos, sobre el esquema de saneamiento siguiente, los recorridos de ventilación terciaria necesarios.

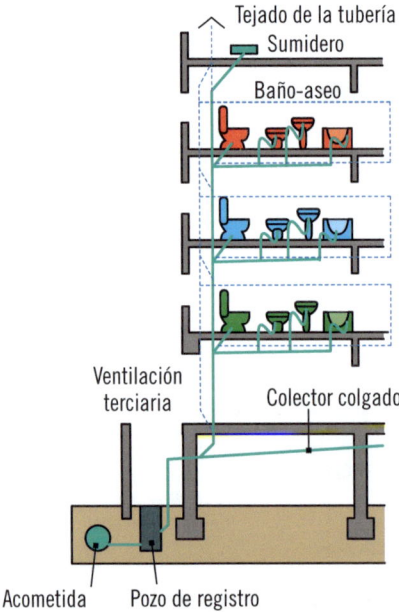

13. **¿Podrán entrar las aguas pluviales en los sistemas de bombeo y elevación de aguas?**

      a. No.
      b. Sí.
      c. No, si proceden de garajes o patios interiores.
      d. Sí, cuando procedan de garajes o patios interiores.

14. **¿Para qué sirve una válvula antirretorno en las instalaciones de saneamiento y evacuación?**

Una válvula antirretorno sirve para evitar que cambie el sentido de circulación del líquido o el semisólido que se transporta en las tuberías de saneamiento.

15. **El factor del que depende el cálculo de la red de aguas pluviales es:**

      a. La zona pluviométrica.
      b. La superficie en m² de la terraza.
      c. La altura del edificio de viviendas.
      d. La estadística de lluvias en los últimos 15 años.

Solucionario Capítulo 3

1. **El suministro de agua debe disponer de un sistema de contabilización...**

   a. ... de agua fría o caliente.
   b. ... de ACS.
   c. ... solo de agua fría.
   d. **... de agua fría y caliente.**

2. **¿Es más eficiente un mismo electrodoméstico de clase D que uno de clase F?**

   a. **Sí, siempre.**
   b. No, porque hay que ver la potencia útil.
   c. Depende del precio de adquisición.
   d. No.

3. **La máxima distancia que debe tener la línea de ACS hasta el punto de consumo más alejado será...**

   a. ... de 15 metros.
   b. ... la necesaria en cada caso.
   c. **... no mayor de 15 metros, si no se quiere colocar un retorno.**
   d. ... de 12 metros, pero con retorno a la caldera.

4. **Escriba algunos hábitos de ahorro energético recomendados que tienen que ver con la educación en el consumo.**

   - Limpiar las ranuras de salida en los electrodomésticos que utilicen aire
   - No poner comida caliente en el interior del edificio
   - Revisar el apagado de los electrodomésticos e iluminación
   - Bajar la temperatura de la calefacción durante la noche
   - Apagar la calefacción cuando no se esté en una estancia de la vivienda o local
   - Programar, si es posible, el corte automático del calentador de agua
   - Revisión anual del funcionamiento de la caldera

5. **En la columna A se indican elementos de regulación para economizar el consumo de agua en fontanería y en la B las características específicas que se consiguen con ellas. Enlace ambas columnas según corresponda.**

1. Doble apertura.
2. Pulsador temporizado.
3. Sensor infrarrojo.
4. Aireador.
5. Limitador de caudal.

5. Velocidad extra.
4. Mezcla de aire y agua.
2. Ventosa.
1. Aumento del caudal.
3. Detección de manos

6. **El aireador situado en la salida de los grifos se utiliza para...**

a. ... mezclar el agua fría y caliente.
b. ... ahorrar, por la disminución de presión que produce.
c. ... economizar en agua al salir con más presión.
d. **... dar la sensación de mayor presión.**

7. **En la descarga del tanque de agua del inodoro, ¿qué tipo de energía se consigue transformar para conseguir el arrastre?**

Toda la energía potencial acumulada en el tanque debido a su elevación se transforma en cinética cuando se produce la descarga.

8. **Para conseguir un ahorro energético en el ACS, la producción debe limitar la temperatura en los puntos de consumo a los...**

a. **... 50 ºC.**
b. ... 45 ºC.
c. ... 60 ºC.
d. ... 64 ºC.

9. ¿Qué aparato sanitario o de consumo no se debe enlazar a la red de aprovechamiento de aguas pluviales?

    a. El inodoro.
    b. La manguera de riego.
    c. **El fregadero.**
    d. La lavadora.

10. Dibuje un esquema donde se observe el recorrido del agua desde el tejado hasta los aparatos sanitarios y de consumo para el aprovechamiento de aguas pluviales.

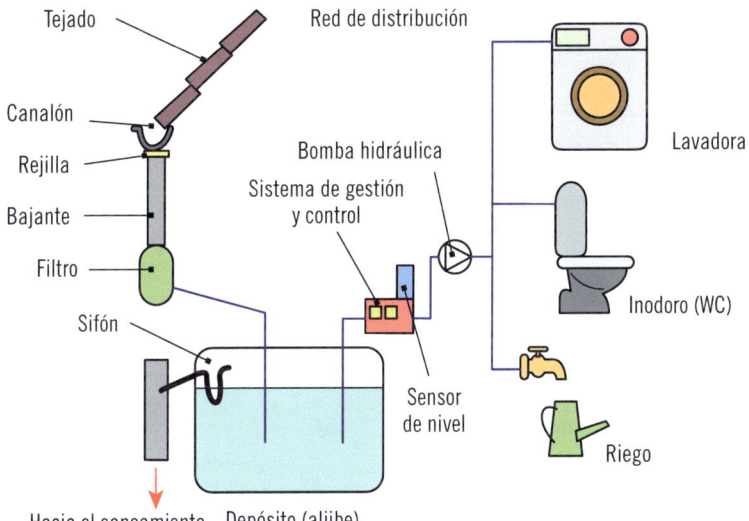

11. En el aprovechamiento de aguas pluviales se consigue un ahorro de detergente en la lavadora...

    a. **... por contener menos porcentaje de cal.**
    b. ... al ser el agua más dura.
    c. ... al ser más ecológico.
    d. ... por poder calentarla más fácilmente.

12. Complete.

La presión a la que el agua llega al punto de consumo, conseguida por **gravedad** desde los depósitos de acumulación situados en la parte **superior** del edificio, a través de grupos de presión que la **elevan** con bombas hidráulicas o mediante **reductores** que la disminuyen.

13. Indique si las siguientes afirmaciones son verdaderas o falsas.

a. La potabilidad debe quedar asegurada para el consumo tanto interiormente en la ingesta como exteriormente en la higiene.

☑ **Verdadero**
☐ Falso

b. La combinación de materiales en la red de fontanería puede provocar efectos perjudiciales.

☑ **Verdadero**
☐ Falso

c. La unión de las redes de aguas residuales y pluviales se puede realizar en un punto intermedio.

☐ Verdadero
☑ **Falso**

d. Las instalaciones de suministro de agua y saneamiento necesitan el visto bueno del cliente.

☐ Verdadero
☑ **Falso**

14. Como prueba en la red de suministro de agua se deberá realizar la medición de caudal y temperatura...

a. ... 24 horas después de haber descargado la red.
b. ... en cada uno de los grifos de los aparatos sanitarios.

c. ... mediante un manómetro y un termómetro.
d. ... con el número de grifos abiertos que se hayan estimado en la simultaneidad.

15. **La prueba con humo se llevará a cabo en las redes de saneamiento...**

a. ... pluvial y residual.
b. ... residual y su ventilación.
c. ... ventilación secundaria y fecal.
d. ... situadas en las chimeneas de salida en la cubierta.

Solucionario 9
Mantenimiento eficiente de las instalaciones de suministro de agua y saneamiento en edificios

Solucionario Capítulo 1

1. **De las siguientes afirmaciones, indique cuál es verdadera o falsa.**

   a. La Ley 38/1999, de 5 de noviembre, de Ordenación de la Edificación (LOE) dice que no son obligaciones de los propietarios conservar en buen estado la edificación mediante un adecuado uso y mantenimiento.

   ☐ Verdadero
   ☑ **Falso**

   b. El Compact Pipe es una técnica muy útil de detección de tuberías enterradas.

   ☐ Verdadero
   ☑ **Falso**

   c. La soldadura por electrofusión es una técnica empleada para unir tuberías de polietileno.

   ☑ **Verdadero**
   ☐ Falso

2. **Relacione cada operación de mantenimiento con el tipo de mantenimiento al que pertenece.**

   a. Lubricar cojinetes de una bomba.
   b. Soldar una tubería rota.
   c. Instalar relés de parada de emergencia en llaves de paso.

   c. Gestión energética.
   a. Preventivo.
   b. Correctivo.

3. **¿Qué es el libro de mantenimiento, para qué sirve, qué incluye, desde cuándo es obligatoria su existencia y quién lo debe elaborar?**

   Qué es: es el compendio de documentación gráfica y escritos que constituyen las instrucciones de uso y mantenimiento, así como el archivo y el registro del historial de operaciones de mantenimiento.

Sirve para: llevar un control y un registro de las operaciones realizadas, así como para informar de cómo realizarlas.

Incluye: las instrucciones de uso y mantenimiento del edificio terminado, de conformidad con lo establecido en este CTE y demás normativa aplicable, incluyendo un plan de mantenimiento del edificio con la planificación de las operaciones programadas para el edificio y sus instalaciones. Contendrá también un modelo de registro de las operaciones de mantenimiento.

Desde cuándo: desde la entrada en vigor de la LOE, de la que nace el Código Técnico de la Edificación.

Quién lo debe realizar: es de obligado cumplimiento que el promotor de la obra haga entrega de una copia del libro del edificio a cada propietario de la vivienda o comunidad de propietarios, según sea.

4. **¿Qué normativa es de aplicación en los sistemas de abastecimiento de agua para protección de incendios?**

   El Real Decreto 1942/1993, de 5 de noviembre, por el que se aprueba el Reglamento de instalaciones de protección contra incendios.

5. **¿Cómo se contagia la legionela?**

   Por vía aérea por inhalación de aerosoles o gotas pulverizadas (menores de 5 micras) que contienen legionela y también por microaspiración de agua contaminada.

6. **El último paso del protocolo de limpieza y desinfección de los depósitos y tuberías contra la legionela establece que...**

   a. ... se deben limpiar a fondo las superficies eliminando las incrustaciones y adherencias y realizando las reparaciones necesarias.
   b. ... se deben utilizar biocidas y biodispersantes para la desinfección, así como controlar el pH.
   c. ... se debe recircular el sistema durante el tiempo establecido para el biocida utilizado, y neutralizarlo una vez finalizado el proceso.
   d. **... se deben llenar de agua y restablecer las condiciones.**

7. **¿Cuál NO es un punto crítico de consumo de agua de una instalación de suministro de agua?**

   a. Los sistemas de riego automático.
   b. Las piscinas.
   c. Las tuberías de PVC.
   d. Todas las opciones son incorrectas.

8. **Indique cuál de las siguientes herramientas utilizadas por un profesional se utiliza para la realización de roscas en los tubos o tornillería.**

   a. Curvadora
   b. Destornillador
   c. Terraja
   d. Maza

9. **Cite las etapas que se llevan a cabo en el protocolo utilizado en el proceso de gestión energética.**

   ▮ Inventario de edificios y equipos consumidores.
   ▮ Realización de una auditoría de consumo.
   ▮ Programa de gestión energética.

10. **Relacione cada operación de soldadura con el tipo de material.**

    a. Capilaridad.
    b. Acetilénica.
    c. Electrofusión.

    a. Cobre.
    c. Polietileno.
    b. Acero.

11. **En el ámbito de la identificación de gastos excesivos de agua, ¿por qué las fugas en un sistema con equipo de presión son más fáciles de detectar?**

    Porque la presión baja significativamente, detectándose en los manómetros, sin que exista un consumo excesivo justificado.

12. En la documentación de registro de mantenimiento preventivo, el plan estratégico sirve para...

    a. ... empezar a redactar el programa de mantenimiento.
    b. ... decidir cómo afrontar una avería.
    c. ... llevar un control exhaustivo de las tareas realizadas.
    d. Todas las opciones son incorrectas.

13. Convierta las siguientes unidades de medida.

    a. 20 mca = 200.000 Pa = 2 Kp/cm^2.
    b. 1m^3/s = 1.000 l/s = 3.600 m^3/h.

14. Si una bomba o grupo de presión proporciona un caudal bajo con respecto al caudal de funcionamiento normal, podrá deberse a...

    a. ... la entrada de aire por el prensaestopas.
    b. ... el motor se encuentra en cortocircuito.
    c. ... está girando a una alta velocidad.

15. Complete.

El golpe de ariete se reconoce de forma muy característica por el **ruido** que provoca; es un golpe similar al que emite un **martilleo** y se puede percibir como un fuerte golpe cuando se **cierra** el grifo **rápidamente,** o como una serie de **explosiones**.

Solucionario Capítulo 2

1. **De las siguientes afirmaciones, indique cuál es verdadera o falsa.**

   a. Los cálculos adicionales y los planos de un informe técnico deben ir incluidos en la memoria del mismo.

   ☐ Verdadero
   ☑ **Falso**

   b. Capítulo y subcapítulo forman parte de la estructura de un presupuesto.

   ☑ **Verdadero**
   ☐ Falso

2. **Suponga que es el gerente de una empresa de mantenimiento e instalación de fontanería y que el propietario de un edificio quiere revisar su instalación de suministro de agua para hacerla más eficiente en el consumo de agua y le llama para que le asesore. ¿Qué tipo de informe técnico tendría que redactar?**

   a. Pericial.
   b. Administrativo.
   c. **Inspección y análisis.**
   d. Todas las opciones son incorrectas.

3. **Explique la forma de obtener el precio unitario de una partida.**

   Para obtener el precio unitario de una partida es necesario determinar cuáles son los precios básicos asignados a cada una de ellas y determinar en qué cantidad deben aparecer estos. El cálculo se realiza multiplicando cada precio básico por su cantidad o rendimiento, obteniéndose así el importe unitario de cada precio. Sumando todos estos importes se obtiene el precio unitario de cada partida, el cual será el mismo para todo el presupuesto, así como su nombre, código y descripción.

4. Encuentre en la sopa de letras cuatro partes integrantes de un informe técnico.

I	A	E	E	R	W	F	E	E	R	I	A
G	N	S	A	I	S	J	G	I	S	E	C
A	E	T	E	Ñ	D	K	E	Ñ	D	O	A
S	X	F	R	E	E	R	D	A	N	V	M
D	O	Q	H	O	K	L	E	C	E	O	P
C	S	D	A	S	D	N	L	R	I	S	J
G	I	S	J	E	N	U	A	S	Ñ	D	K
E	Ñ	D	K	A	S	C	C	F	E	E	R
E	E	E	R	I	D	L	A	C	G	I	S
B	A	E	O	N	C	E	N	C	I	U	D
O	S	N	I	S	J	O	E	R	V	O	N
F	E	E	Ñ	D	K	F	E	W	S	K	N
S	A	F	E	E	R	I	A	D	A	S	E

5. Enumere la secuencia lógica de actuaciones en caso de coexistir informe y memoria.

- Reconocimiento de la existencia de problemática en la instalación.
- Redacción del informe técnico al respecto.
- Aprobación del informe técnico y selección de propuestas.
- Redacción de la memoria justificativa.

6. Complete.

El informe **administrativo** normalmente se desarrolla con el **objetivo** de obtener algún **permiso** o licencia para **dar de alta** una instalación o realizar alguna **modificación** en ella.

7. **Diga qué puntos incluiría en la parte Descripción general del proyecto de una memoria justificativa.**

   ▌ Antecedentes y consideraciones previas.
   ▌ Justificación funcional.
   ▌ Justificación formal.
   ▌ Justificación económica.
   ▌ Justificación legal.

8. **Complete.**

   Las **unidades de obra** representan a cada uno de los componentes **unitarios,** individuales y **elementales** en los cuales se puede **descomponer** una obra, a efectos de **medición** y valoración.

9. **Relacione cada término con lo que crea que debe ir emparejado según lo que sabe de presupuestos, mediciones y valoraciones.**

   a. Cantidad de algo.
   b. Cantidad y precio unidos.
   c. Parte del coste de una partida con valor estimado.

   c. Coste indirecto.
   a. Medición.
   b. Presupuesto.

10. **Enumere las distintas partes en las que se divide una valoración del presupuesto.**

    ▌ Capítulos.
    ▌ Subcapítulos.
    ▌ Partidas o precios descompuestos.

11. **Relacione cada término con lo que crea que debe ir emparejado según lo que sabe de redacción de informes técnicos.**

   a. Introducción.
   b. Memoria.
   c. Conclusiones.

   c. Resultados obtenidos.
   a. Pueden incluir datos cuantitativos pero no deben darse detalles de argumentos o resultados.
   b. El alcance del informe sitúa al lector en el escenario en el que se encuadra y hasta qué nivel profundiza.

12. **¿Qué apartado debe aparecer en la descripción general de una memoria justificativa?**

   a. Justificación funcional.
   b. Justificación económica.
   c. Objeto de la memoria justificativa.
   d. Todas las opciones son incorrectas.

13. **Indique qué apartados se incluyen en los datos generales de la memoria o núcleo.**

   ▌ Empresa o persona que solicita el encargo: en este punto se vuelve a mencionar el nombre.
   ▌ Autor de la memoria justificativa: en este punto se vuelve a mencionar el nombre.
   ▌ Objeto de la memoria justificativa: explicar de manera sucinta para qué se realiza dicha memoria y cuál es el problema a resolver.
   ▌ Localización de la obra: indicar dónde se encuentra la instalación objeto de estudio.

14. Relacione cada término con lo que crea que debe ir emparejado según lo que sabe de aplicaciones informáticas empleadas en la elaboración de informes.

  a. *Presto*
  b. *Word*
  c. *Excel*

  c. Elaboración de cálculos.
  b. Procesador de textos.
  a. Elaboración de presupuestos.

15. La hoja de cálculo *Excel*

  a. ... realiza con facilidad diagramas y esquemas sinópticos.
  b. ... permite tratar los datos numéricos en una hoja que contiene infinidad de operaciones matemáticas y que se divide en celdas distribuidas en filas y columnas.
  c. ... permite editar todo tipo de documentos, desde una simple carta a producir un libro completo, incluir tablas de contenido, ilustraciones, bibliografía y diagramas.
  d. Las opciones a y b son correctas.

Solucionario Capítulo 3

1. **De las siguientes afirmaciones, indique cuál es verdadera o falsa.**

   a. El documento básico de salubridad DB HS se compone de cuatro secciones.

   ☐ Verdadero
   ☑ **Falso**

   b. Islas Baleares, Aragón, Cataluña y Andalucía son comunidades en las que existe legislación autonómica en materia de ahorro y eficiencia en el consumo de agua.

   ☑ **Verdadero**
   ☐ Falso

   c. Un reglamento de suministro de agua recoge las medidas legales definitorias de las características y las formas en que se efectuará el abastecimiento de agua a una población o zona determinada.

   ☑ **Verdadero**
   ☐ Falso

2. **Relacione cada término con su contenido correspondiente.**

   a. CTE.
   b. Parte I CTE.
   c. Parte II CTE.

   b. Disposiciones y condiciones generales de aplicación del CTE.
   a. Exigencias en relación con los requisitos básicos de seguridad y habitabilidad.
   c. Documentos básicos para el cumplimiento de las exigencias básicas del CTE.

3. **Indique los elementos de diseño que marca el CTE a incluir en las instalaciones de agua para cumplir con los objetivos de ahorro de agua en edificios públicos.**

   ▌ Grifos con aireadores.
   ▌ Grifería termostática.
   ▌ Grifos con sensores infrarrojos.
   ▌ Grifos con pulsador temporizador.
   ▌ Fluxores y llaves de regulación antes de los puntos de consumo.

4. **Encuentre en la sopa de letras cinco figuras legislativas.**

P	O	L	E	P	S	U	M	I	N	A
A	R	E	G	L	A	M	E	N	T	O
L	D	R	E	I	U	C	T	O	R	S
D	E	C	R	E	T	O	R	I	C	B
C	N	Y	M	G	T	A	D	O	R	A
R	A	M	I	O	Z	U	A	U	S	N
A	N	O	N	O	M	A	N	D	O	E
T	Z	R	A	D	O	R	D	A	S	Y
O	A	O	L	E	A	S	U	O	I	S

5. **Indique el tipo de normativa que existe actualmente en la Comunidad de Islas Baleares sobre el ahorro y la eficiencia en el consumo de agua.**

   La norma principal en la que se regulan distintos aspectos sobre el agua es el Plan Hidrológico de las Islas Baleares que fue aprobado el 24 de enero de 2023 por el gobierno autonómico. El cual incluye medidas y recomendaciones sobre ahorro de agua.

6. **El Principado de Asturias tiene aprobada la siguiente figura legislativa sobre el ahorro y la eficiencia en el consumo de agua para todo el territorio de la comunidad autónoma.**

    a. Decreto por el que se establecen medidas de fomento para el ahorro de agua en determinados edificios y viviendas.

    b. Ordenanza Municipal Marco para Ahorro de Agua aplicable a todos los ayuntamientos del Principado.

    c. Ley sobre incremento de las medidas de ahorro y conservación en el consumo de agua.

7. **Enumere los objetivos que persigue la *Guía para el desarrollo de normativa local en la lucha contra el cambio climático* que ha desarrollado la Federación Española de Municipios y Provincias (FEMP).**

Fomentar la reducción y garantizar el control del consumo de agua en el municipio.

Promover y regular la utilización de recursos hídricos alternativos para aquellos usos que no requieran agua potable.

Implantar medidas de ahorro de agua en las instalaciones y los servicios de titularidad municipal, prestando especial atención a los parques y jardines.

8. **¿Cuál de estas opciones corresponde a medidas de ahorro de agua propuestas en la *Guía para el desarrollo de normativa local en la lucha contra el cambio climático* desarrollada por la FEMP?**

    a. Sistema de recirculación de agua en duchas.

    b. Aprovechamiento de agua de lluvia para uso en riego de zonas verdes.

    c. Instalar sistemas de reutilización de agua sobrante en piscinas.

9. **Complete.**

Los pliegos de prescripciones técnicas son los documentos de carácter legal y contractual que tienen los municipios para proceder a la concesión de los servicios de **abastecimiento** y **saneamiento.** Dichos pliegos recogen las características que debe tener el contrato de dicho suministro entre la **empresa adjudicataria** del servicio y el **ayuntamiento,** así como las características del **servicio** prestado.

10. Relacione cada término de la primera columna con los de la segunda, según lo que ha evisto de la *Guía para el desarrollo de normativa local en la lucha contra el cambio climático* redactada por la FEMP.

     a. Medida de ahorro de agua en los procesos de limpieza.
     b. Objetivo.
     c. Mecanismo de ahorro.

     <u>**b.**</u> Fomentar la reducción y garantizar el control del consumo de agua en el municipio.
     <u>**c.**</u> Temporizadores en grifos.
     <u>**a.**</u> Sistemas de reutilización de agua

11. Complete.

Los reglamentos pueden ser de **suministro de agua** exclusivamente o abarcar el proceso del **ciclo del agua** al completo; véase: abastecimiento, **saneamiento,** depuración y **vertido.**

12. Los reglamentos de suministro de agua ...

     a. ... son medidas legales definitorias de las características y las formas en que se efectuará el abastecimiento del agua en la población o comarca de su ámbito de aplicación.
     b. **... establecen las condiciones de diseño, mantenimiento, elementos y equipos de las instalaciones del agua de consumo con el fin de que no se altere la calidad de esta.**
     c. ... constituyen un paso más en profundidad a nivel práctico, en cuanto a la regulación del suministro, con respecto a las ordenanzas municipales de agua de una población o comarca.
     d. Todas las opciones son incorrectas.

13. Complete.

Un agua de consumo humano será **salubre** y limpia cuando no contenga ningún tipo de **microorganismo,** parásito o **sustancia** en una cantidad o **concentración** que pueda suponer un riesgo para la **salud** humana.

14. **Relacione cada término de la primera columna con los de la segunda según lo que ha estudiado sobre exigencias sanitarias y de consumo.**

    a. Exigencia sanitaria.
    b. Exigencia técnica.
    c. Exigencia de consumo para reutilización.

    b. Código Técnico de la Edificación.
    a. Real Decreto 140/2003.
    c. Real Decreto 3/2023.

15. **Indique cuál de las siguientes opciones es correcta.**

    a. El agua regenerada se puede usar como agua de consumo humano siempre que esté correctamente depurada.
    b. **Todo depósito de una instalación interior deberá situarse en una cota superior al nivel del alcantarillado.**
    c. La entidad suministradora es la responsable de la calidad del agua incluso en la red interior de la instalación.
    d. Todas las opciones son incorrectas.

Solucionario 10
Promoción del uso eficiente de la energía en edificios

Solucionario Capítulo 1

1. **De las siguientes frases, indique cuál es verdadera o falsa.**

   a. El objetivo de desarrollo sostenible que hace referencia la eficiencia energética es el número 7: Energía Asequible y No Contaminante.

      ☑ **Verdadero**
      ☐ Falso

   b. En la Cumbre de Río de Janeiro de 1992, Europa se comprometió a reducir sus emisiones en un 8 %.

      ☐ Verdadero
      ☑ **Falso**

   c. Uno de los cinco objetivos principales de la política energética de la Unión Europea es fomentar el uso de carbón y petróleo para producir electricidad.

      ☐ Verdadero
      ☑ **Falso**

   d. El CTE ha sido un documento que no ha sufrido ninguna revisión ni modificación desde que se publicó.

      ☐ Verdadero
      ☑ **Falso**

2. **Complete la siguiente oración.**

   El **desarrollo** sostenible exige garantizar que el crecimiento **económico** se lleve sin **agotar** los recursos disponibles o perjudicar directa o indirectamente a la **sociedad.** El citado principio quedó por primera vez manifestado en la Cumbre de **Río de Janeiro** de las Naciones Unidas en 1992.

3. ¿Cuáles son los objetivos de La Unión Europea en materia energética para 2030?

4. ¿A qué se refieren las siglas IDAE?

   a. Instituto para la Diversificación y Ahorro de Energía.
   b. Información Diversa para el Ahorro de Energía.
   c. Instituto para la Defensa y Autoridades Energéticas.
   d. Investigación Divergente Ahorro Energético.

5. ¿Cuál es el real decreto más reciente que aborda el tema de la certificación energética en edificios?

   Se trata del Real Decreto 235/2013, de 5 de abril, por el que se aprueba el procedimiento básico para la certificación de la eficiencia energética de los edificios.

6. ¿Qué papel desempeña el Boletín Oficial del Estado?

   El Boletín Oficial del Estado es tradicionalmente la herramienta por excelencia a la hora de informar al ciudadano. No solo es un instrumento de utilidad, sino que también es una obligación para el Gobierno y un derecho para el ciudadano el tener acceso a esa información, que a su vez le da un plazo de tiempo determinado legalmente tras su publicación para apelar o recurrir aquellos puntos que considere injustos.

7. De las siguientes frases, indique cuál es verdadera o falsa.

   a. La atención personalizada implica necesariamente conversación telefónica.

      ☐ Verdadero
      ☑ **Falso**

   b. La atención personalizada, funcionando eficientemente, es de los medios informativos más rápidos y directos.

      ☑ **Verdadero**
      ☐ Falso

   c. Las aulas digitales están especialmente indicadas para personas mayores.

       ☐ Verdadero
       ☑ **Falso**

   d. I as aulas digitales permiten la interacción entre alumnos.

       ☑ **Verdadero**
       ☐ Falso

8. Complete la siguiente oración.

El consumo **energético** en España tiene una tendencia a **subir** año tras año. Dicho factor viene explicado por el aumento de la **población** del país y del número de viviendas existentes, pero también ligado al mayor número de equipos y **electrodomésticos** presentes en cada hogar, como consecuencia del estado de **bienestar** en el que la sociedad está sumida.

9. Relacione los siguientes elementos.

   a. Protocolo de Kyoto.
   b. Intensidad energética.
   c. CE3X.
   d. SICER.

   c. *Software* para la certificación energética en edificios.
   d. Información al ciudadano en energías renovables y eficiencia energética.
   a. Reducción de las emisiones en un 8% respecto a 1990 por parte de Europa.
   b. Indicador de eficiencia energética.

10. ¿A qué nos referimos cuando hablamos de un sistema que requiere una plataforma informática de encuentro, información y comunicación entre los alumnos entre sí y con los profesores, que facilita y agiliza el aprendizaje y la resolución rápida de dudas?

   a. Sesión formativa presencial.
   b. Biblioteca digital.
   c. Cartel.
   d. Curso formativo online.

11. Complete la siguiente oración.

El **Código** Técnico de la **Edificación (CTE)** es el marco normativo que dicta las **exigencias** a cumplir por los edificios en relación con los requisitos básicos de **seguridad** y habitabilidad establecidos en la Ley 38/1999 de Ordenación de la **Edificación.**

12. ¿Cuál de los siguientes métodos es una buena herramienta para divulgar la eficiencia energética y el ahorro en niños?

    a. Folletos.
    b. Sesiones informativas.
    c. Carteles.
    d. Juegos educativos.

13. Comente los principales inconvenientes de la publicidad como medio de divulgación.

- No hay interactividad por parte del receptor. Por tanto, no puede eliminar la parte que no le interesa ni profundizar en la que más le afecta.
- Interrumpe la acción (por ejemplo, su programa favorito) del receptor, pudiendo generar malestar o animadversión.
- Es difícil captar la atención mediante publicidad.
- La publicidad en los medios suele ser costosa en su financiación.
- Obviamente, se requiere que el destinatario disponga de TV, ordenador, radio o lea la prensa.

Solucionario Capítulo 2

1. **¿Es esta afirmación correcta? En caso de ser incorrecta, justifíquela.**

   Los destinatarios de acciones divulgativas en centros educativos tienen iguales perfiles, independientemente de su edad.

   Falso. Los perfiles dependerán de la edad del escolar, así como de su formación, y los métodos de intervención se adaptarán a los mismos.

2. **Complete el siguiente texto.**

   El **consumidor** es un destinatario muy interesado en las acciones divulgativas de eficiencia **energética,** ya que esta casi siempre lleva asociado un **descenso** de **coste económico,** lo que se traducirá en una reducción de la **factura** del consumidor.

3. **Relacione cada destinatario con la característica correspondiente a su perfil.**

   a. Alumnos de Educación Primaria.
   b. Alumnos de Formación Profesional.
   c. Instaladores o personal de mantenimiento.
   d. Consumidor individual.

   d. Su conocimiento y concienciación con la eficiencia energética se debe intentar incrementar.
   c. El horario de trabajo es una característica de este destinatario.
   b. Su capacidad de actuación es elevada en la actualidad, pero en muy poco tiempo podrá ser mayor.
   a. Se pretende que el alumno sea un pequeño divulgador de la eficiencia energética en su hogar.

4. **¿Qué características tendrán los métodos de intervención de escolares de Primaria?**

   Los métodos de intervención usados deben ser presenciales y preferiblemente vistosos y amenos.

5. **Nombre las características que deberá tener la persona responsable de la acción divulgativa.**

   ▌ Personas formadas en la producción de energía clásica.
   ▌ Personas con conocimiento de energías renovables y su aplicación a las distintas instalaciones.
   ▌ Personas proactivas y prácticas que sean capaces de hacer ver el bien común, por encima del bien individual.
   ▌ Personas con capacidad de diálogo y comprensión.
   ▌ Personas con cierta capacidad de persuasión, ya que, a veces, el objetivo será convencer a personas, empresarios o instituciones de una inversión a medio–largo plazo, algo no fácil de conseguir en muchas ocasiones.

6. **¿Qué características presenta el perfil de destinatario de alumno de Educación Secundaria y Bachillerato?**

   ▌ Son alumnos de edades comprendidas entre 13 y 18 años.
   ▌ Tienen un conocimiento y conciencia del problema de la contaminación que nos rodea y del calentamiento global.
   ▌ Tienen una capacidad de actuación más elevada, por lo que se pretenderá que la acción divulgativa sea eminentemente práctica.

7. **¿Cuál es la principal causa que hará que el consumidor sea un destinatario muy interesado en las acciones divulgativas de eficiencia energética?**

   a. Tiene gran capacidad de concienciar a los demás.
   b. **Esta lleva asociado un descenso del coste económico, que se traducirá en una reducción de la factura.**
   c. Tiene una capacidad de actuación muy elevada.
   d. Comienza a ser consciente del problema de la contaminación en el mundo.

8. **Complete las siguientes frases.**

   a. Para los alumnos de Primaria, las actividades de promoción del uso eficiente de la energía se realizarán principalmente **en el entorno escolar.**
   b. Cuando la participación de los alumnos es muy reducida y la promoción consiste principalmente en una exposición, se realizará en **el aula escolar.**
   c. Cuando a los alumnos se les pide una participación mayor en las actividades, se desarrollarán **talleres.**

d. Cuando la actividad es más intensa y requiere un mayor espacio, como, por ejemplo, juegos entre varios grupos numerosos de alumnos, se llevará a cabo **en los patios o salas de gimnasio.**

9. **¿Cuál será el lugar de realización de la acción formativa para alumnos de Formación Profesional, cuando esta no se imparta en los centros escolares?**

En lugar de utilizar espacios e instalaciones situadas en entornos escolares, se deben utilizar los mismos espacios e instalaciones de los que disponga el centro donde se lleva a cabo la formación profesional.

10. **¿A qué destinatario irá dirigida una acción divulgativa si como posible espacio donde llevar a cabo la promoción se plantean espacios e instalaciones especialmente reservados para llevar a cabo este tipo de actividades en hoteles, centros municipales, etc.?**

A instaladores o personal de mantenimiento de las instalaciones, aunque también podría tratarse de consumidores con perfil industrial, o colectivos de consumidores.

11. **¿Qué significa que el espacio en el que se va a llevar a cabo la acción divulgativa sea interactivo?**

Que dispondrá de un diseño tal que permita la interrelación entre el público y las personas encargadas de la promoción. Esto puede conseguirse mediante la disposición semicircular de las salas, por ejemplo.

12. **Complete el siguiente texto.**

Los **recursos didácticos** pueden definirse como el conjunto de elementos que ayudan y favorecen el proceso de aprendizaje y **enseñanza.** Son, por tanto, imprescindibles cuando se desea **comunicar,** enseñar y **trasladar** unos conocimientos de forma **eficaz** a cada uno de los **perfiles** de destinatarios identificados.

13. **Califique los siguientes recursos didácticos escritos en función del mayor a menor contenido en información y de mayor a menor accesibilidad al público: revistas-libros-otros (folletos, trípticos, etc.).**

    ▌ Mayor a menor contenido en información: libros-revistas-otros.
    ▌ Mayor a menor accesibilidad al público: otros-revistas-libros.

14. **¿Cuáles serían los métodos de intervención presenciales a desarrollar para alumnos de Bachillerato?**

    ▌ Los talleres y actividades, mediante los cuales el alumno puede comprender la importancia de realizar un uso racional de la energía y la búsqueda de otras fuentes de energía alternativas a aquellas fuentes finitas de energía.
    ▌ Las charlas y jornadas, en las que uno o varios expertos en la materia exponen al alumnado la importancia del uso eficiente de la energía en los edificios.

15. **¿Cuáles son los métodos de intervención no presenciales ante consumidores en general?**

Los folletos y publicidad que el consumidor recibe en su domicilio, en los que se le hace partícipe de un uso eficiente de la energía.

Solucionario Capítulo 3

1. **De las siguientes frases, indique cuál es verdadera o falsa.**

   a. La retroalimentación y la toma de decisiones es la última etapa del proceso evaluativo.

   ☑ **Verdadero**
   ☐ Falso

   b. Lo primero que se debe realizar en el proceso evaluativo es identificar los niveles de evaluación.

   ☐ Verdadero
   ☑ **Falso**

   c. En primer lugar se valora y, posteriormente, se evalúa.

   ☐ Verdadero
   ☑ **Falso**

   d. La retroalimentación consiste en evaluar independientemente a las personas.

   ☐ Verdadero
   ☑ **Falso**

2. **¿Qué se entiende por heteroevaluación?**

   Se entiende como aquella evaluación que realiza una persona, que suele ser el formador, sobre los sujetos de la evaluación.

3. **¿Cómo se clasifican los modelos de evaluación según su funcionalidad?**

   a. Inicial, procesual y final.
   b. **Diagnóstica, formativa y sumativa.**
   c. Autoevaluación, coevaluación y heteroevaluación.
   d. Diagnóstica, procesual y sumativa.

4. ¿Cómo se define la autoevaluación?

La autoevaluación consiste en que cada persona realiza la evaluación sobre sí misma, sin requerir la intervención del evaluador.

5. ¿Qué actitud debe adoptar el evaluador en el trabajo por equipos?

El evaluador debe adoptar para esta herramienta una actitud pasiva, después de explicar el contenido de la actividad, dejando actuar al equipo y realizando su evaluación mediante la observación del trabajo y de la actividad completada.

6. De las siguientes frases, indique cuál es verdadera o falsa.

a. Las pruebas libres orales son las pruebas de evaluación más objetivas.

☐ Verdadero
☑ **Falso**

b. Las pruebas escritas objetivas ofrecen varias respuestas como válidas.

☐ Verdadero
☑ **Falso**

c. Las pruebas escritas libres están ceñidas a una respuesta determinada.

☐ Verdadero
☑ **Falso**

d. Los test de selección única son un ejemplo de las pruebas escritas objetivas.

☑ **Verdadero**
☐ Falso

7. Señale de la lista siguiente los dos instrumentos de evaluación que ofrecen un mayor dinamismo.

    a. El trabajo en equipo.
    b. Las pruebas de evaluación.
    c. Los intercambios orales: el diálogo y debate.
    d. La autoevaluación.

8. De las siguientes frases, indique cuál es verdadera o falsa.

    a. La evaluación correctora implica el fracaso de una campaña.

        ☐ Verdadero
        ☑ **Falso**

    b. La evaluación correctora surge de la aparición de desviaciones.

        ☑ **Verdadero**
        ☐ Falso

    c. Las acciones correctivas pueden hacerse en cualquier momento de la campaña.

        ☑ **Verdadero**
        ☐ Falso

    d. Las acciones correctivas se toman una vez finalizada la campaña.

        ☐ Verdadero
        ☑ **Falso**

9. Complete la siguiente oración.

Cuando se realiza la evaluación o **comparación** entre campañas se perciben **desviaciones** entre los resultados esperados y los finalmente **obtenidos.** Los motivos por los que se producen deben ser **identificados** para subsanarse de cara al futuro.

10. ¿Qué se entiende por la constancia de una desviación?

Con este término nos referimos a la perseverancia de la desviación en el tiempo, que hasta podría convertirla en algo permanente e irreversible.

11. ¿Qué variable no afecta a la magnitud de una desviación?

    a. Constancia
    b. Valor desviado.
    c. Su importancia.
    d. La etapa de la campaña.

12. ¿A qué nos referimos al hablar de control operativo?

Es el control que se encarga de medir cómo se desarrolla la campaña, respecto al plan inicialmente ideado, hasta ese momento. Está muy vinculado a la empresa privada.

13. ¿En qué consisten los seguimientos iniciales?

Son las correcciones previas al lanzamiento de la campaña de divulgación de eficiencia energética. Están íntimamente relacionadas con el control de si se emplean las herramientas, medios y personal adecuados.

14. Enumere las distintas etapas del proceso evaluativo.

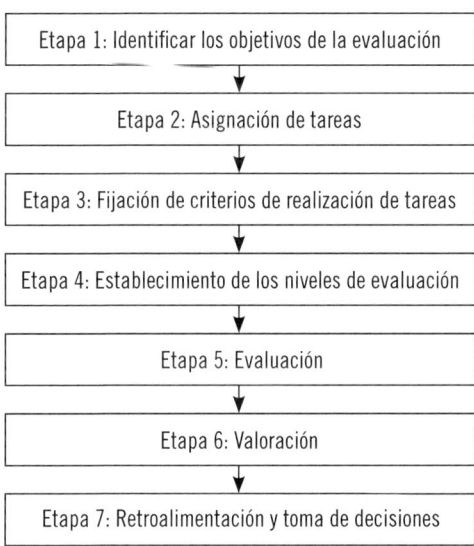

Etapas del proceso evaluativo

Etapa 1: Identificar los objetivos de la evaluación

Etapa 2: Asignación de tareas

Etapa 3: Fijación de criterios de realización de tareas

Etapa 4: Establecimiento de los niveles de evaluación

Etapa 5: Evaluación

Etapa 6: Valoración

Etapa 7: Retroalimentación y toma de decisiones

15. Complete la siguiente oración.

Desde un punto de vista general, los informes surgen como consecuencia de una **necesidad concreta,** y en ellos ha de evitarse la subjetividad, buscándose **la objetividad** y el **rigor.**

Solucionario 11
Determinación del potencial solar

Solucionario Capítulo 1

1. **Las partes que componen el Sol son: núcleo, fotosfera, cromosfera y corona. Indique de qué se compone cada una.**

   ▎ Núcleo: es la capa más interna y donde, debido a las enormes presiones y temperaturas existentes, se dan las condiciones necesarias para llevar a cabo el proceso de fusión.

   ▎ Fotosfera: capa formada por gases a altas presiones donde se almacena gran parte de energía en forma de luz y calor.

   ▎ Cromosfera: es una fina capa que mantiene los campos magnéticos solares.

   ▎ Corona: es la capa más externa del Sol y se compone principalmente de gases a altísimas temperaturas formando una cobertura plasmática.

2. **El Sol en el cielo...**

   a. ... tarda siempre 11 horas en recorrerlo.

   b. ... recorre 15° a la hora.

   c. ... nunca pasa por el zenit.

   d. ... avanza de forma elíptica sin desaparecer.

3. **Relacione.**

   a. Constante solar.

   b. Masa atmosférica en el zenit.

   c. Cantidad de O2 en la atmósfera.

   d. Espectro visible.

   e. Desfase entre el plano de traslación y el eje de rotación de la Tierra.

   d. 0,35-0,75 m.

   a. 1.600 W/m^2.

   e. 23,5°.

   b. 1.

   c. 21%.

4. ¿Qué diferencia existe entre nutación y precesión?

El movimiento de precesión es el origen de la existencia de los equinoccios. Este fenómeno se debe al achatamiento de los polos. Mientras que la nutación es un ligero oscilamiento que sufre el eje de la Tierra.

5. Un observador sobre la superficie terrestre puede fijar su posición mediante...

    a. ... coordenadas geocéntricas.
    b. ... coordenadas geodésicas.
    c. ... coordenadas geográficas.
    d. Todas las opciones son correctas.

6. Complete la tabla.

Rotación	Giro sobre su propio eje
Traslación	Giro alrededor del Sol
Radiación difusa	Radiación recibida por los efectos de dispersión atmosféricos
Exosfera	Límite exterior de la atmósfera que alcanza los 9.600 km de altura

7. ¿Cuál es la ecuación del tiempo oficial local (LCT)?

$$LCT - (TR - 12) + \frac{LM - I\,H}{15} - Ao$$

8. Complete.

La cantidad de energía recibida del Sol en la capa externa de la **atmósfera,** dividida por la unidad de superficie de estudio, se define como **radiación solar extraterrestre.**

9. La siguiente ecuación se corresponde con...

$$w_0 = 15 \, (Tsv - 12)$$

    a. ... la altitud solar.
    h. ..., el azimut solar.
    c. ... el ángulo horario.
    d. ... el ángulo cenital.

10. Complete.

La **primera** luz del día, antes de que aparezca el Sol sobre la horizontal, recibe el nombre de **alba.** Por el contrario, el **ocaso** es la última luz del día.

11. ¿Cuánto mide aproximadamente el radio de la Tierra? ¿Qué distancia separa a la Tierra del Sol?

La Tierra presenta un radio aproximado de 6.378 km.

La distancia aproximada entre el Sol y la Tierra es de 150 millones de kilómetros.

12. ¿Cuáles son las unidades de la irradiancia extraterrestre y con qué letras se designan?

    ▮ W/m^2.
    ▮ Gon.

13. Complete

Partiendo del 100 % de la radiación que llega a la atmósfera, se estima que solo un **50 %** de la radiación alcanza la superficie terrestre y que de ese **50 %** solo un **20 %** es absorbido por **el terreno,** siendo un el resto **reflejado.**

14. ¿En qué se descompone la radiación extraterrestre?

Radiación directa, radiación difusa y radiación reflejada.

15. ¿Para qué se emplea la carta solar cilíndrica?

Se emplea para reducir tiempo a la hora del cálculo de la posición solar. Las cartas solares cilíndricas son la representación del Sol sobre el cielo para una determinada latitud considerando su desplazamiento contenido en la superficie de un cilindro.

Solucionario Capítulo 2

1. **Complete el siguiente esquema.**

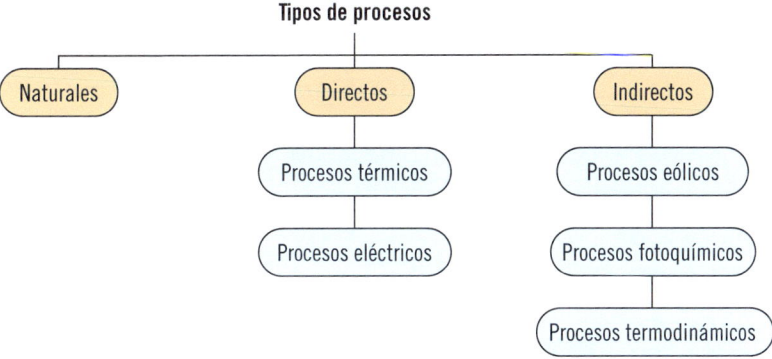

Tipos de procesos

- Naturales
- Directos
  - Procesos térmicos
  - Procesos eléctricos
- Indirectos
  - Procesos eólicos
  - Procesos fotoquímicos
  - Procesos termodinámicos

2. **Los procesos fotoquímicos son procesos de conversión...**

    a. ... directos.
    b. ... indirectos.
    c. ... biológicos.
    d. ... andrógenos.

3. **¿Qué porcentaje de aprovechamiento de la radiación solar realiza el ciclo del agua?**

    a. 20 %.
    b. 50 %.
    c. 15 %.
    d. 1 %.

4. **¿Cuáles son las partes que conforman un colector plano? Defínalas.**

    ▪ Caja o marco: es el soporte resistente que trabaja como cobertura para alojar en su interior los distintos componentes que forman el colector.

■ Cubierta: superficie protectora transparente que irá orientada al Sol. Su misión es doble; por una parte reduce las pérdidas de absorción permitiendo la entrada de la radiación solar pero no su salida, mientras que por otra protege los componentes del interior de una exposición directa a la climatología que produzca daños en los componentes o pérdidas térmicas por convección por contacto directo con el aire.

■ Aislamiento: los colectores solares térmicos están convenientemente aislados para evitar pérdidas de calor.

■ Circuito: es el componente principal del colector. En el caso de ser un colector fotovoltaico, el circuito estará formado por las células fotovoltaicas y los conexionados entre ellas. En el caso de los colectores térmicos, el circuito está formado por las tuberías que recorren el colector por el que circula el fluido térmico.

5. ¿En qué consiste el efecto de concentración?

El efecto de concentración consiste en emplear una serie de elementos y dispositivos que permita enfocar y redirigir la energía captada en una zona hacia un punto en común con el objetivo de elevar la intensidad de la radiación recibida.

6. ¿Qué nombre recibe el siguiente sistema de concentración solar? Comente sus aspectos más importantes.

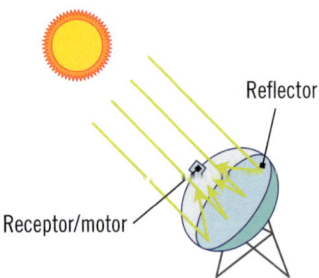

Reflector

Receptor/motor

Se trata de un sistema de concentración solar de disco parabólico donde cada reflector dispone de su propio receptor. El funcionamiento de estos sistemas se basa en la geometría parabólica del espejo para concentrar los rayos solares en el punto focal o punto de concentración.

7. **¿Cómo se consigue una lente de Fresnel?**

Las lentes de Fresnel se obtienen de lentes comunes a las que se les practica microcortes circulares y concéntricos que mantienen el radio de curvatura y permiten reducir el espesor y el peso de la lente.

8. **¿Qué diferencia existe entre el efecto fotoeléctrico y el efecto fotovoltaico?**

La diferencia entre el efecto fotoeléctrico y el fotovoltaico reside en que, aunque en los dos se produce un movimiento de los electrones del material sobre el que incide la radiación solar, en el efecto fotovoltaico ese movimiento de electrones en un semiconductor conlleva la generación de una carga eléctrica que se aprovecha para la producción de electricidad.

9. **¿Es correcta la siguiente definición? Corríjala en caso contrario**

Los procesos fotobiológicos se basan en generar energía bioquímica a partir de radiación solar. En los últimos años, los procesos fotobiológicos están siendo estudiados como una alternativa viable y sostenible para el tratamiento de aguas contaminadas.

Es incorrecta, se trata de los procesos fotoquímicos.

Los procesos fotoquímicos se basan en generar energía bioquímica a partir de radiación solar. En los últimos años, los procesos fotoquímicos están siendo estudiados como una alternativa viable y sostenible para el tratamiento de aguas contaminadas.

10. **Nombre los tres sistemas que se engloban dentro de los procesos termodinámicos.**

Sistemas pasivos, sistemas estacionarios y sistemas de seguimiento.

11. **Explique en qué consiste la etapa fotodependiente dentro del proceso de la fotosíntesis de una planta.**

En la etapa fotodependiente, el cloroplasto es la célula encargada de captar la energía solar haciéndola interactuar con sus moléculas. Además, la hoja de la planta capta moléculas de dióxido de carbono o CO_2.

12. **Escriba la ecuación de la ley de conservación de la energía. ¿Qué significa cada término?**

$$dU = dQ + dW$$

- dU: interna de un sistema.
- dQ: diferencia térmica.
- dW: trabajo aportado al sistema.

13. **La energía que se almacena en el interior de pilas y baterías está dentro de la categoría...**

    a. ... acumulación natural de la energía.
    b. ... acumulación termodinámica de la electricidad.
    c. ... acumulación térmica de la electricidad.
    d. ... acumulación de energía eléctrica mediante sistemas químicos.

14. **¿Mediante qué tres sistemas se puede almacenar la energía térmica?**

Mediante depósitos acumuladores, sistemas de sales fundidas y sistemas de aprovechamiento del calor latente de una sustancia.

15. **¿En qué consiste un sistema energético integrado?**

Los sistemas energéticos integrados consisten en hacer uso de todos los sistemas, tanto de almacenamiento como de aprovechamiento de energía solar, para satisfacer de forma conjunta unas necesidades energéticas de una forma mucho más eficiente que el empleo de una única tecnología.

Solucionario Capítulo 3

1. **¿Qué es el potencial solar de una zona y qué objetivo persigue?**

El potencial solar se corresponde con la cantidad de energía solar que recibe una zona y su objetivo es identificar fácilmente la zona óptima para la ubicación de una instalación solar.

2. **¿Qué tipos de proyecciones cartográficas se pueden encontrar en función de las cualidades métricas?**

Proyecciones conformes, proyecciones equidistantes, proyecciones equivalentes y proyecciones afilácticas.

3. **La unidad de medida de la irradiancia es:**

    a. $J \cdot m^2$.
    b. W/m^2.
    c. Wh/m^2.
    d. J/m^2.

4. **¿Cuáles son los factores que influyen en la existencia de una mayor o menor cantidad de radiación difusa?**

El número de partículas de la atmósfera en suspensión, las masas de nubes y la posición del Sol.

5. **El actinógrafo es un instrumento que se emplea para medir...**

    a. ... la radiación solar global.
    b. ... la radiación solar directa.
    c. ... la radiación solar extraterrestre.
    d. ... el albedo.

6. Complete la tabla:

Mes	R. solar directa (kWh/m²)	R. solar difusa (kWh/m²)	R. solar global (kWh/m²)
Marzo	143,88	**82,594**	226,474
Abril	**170,28**	93,086	263,366
Mayo	216,96	**101,504**	318,464
Junio	287,64	84,79	**372,43**
Julio	**315,6**	78,812	394,412
Agosto	261,6	**78,324**	339,924
Septiembre	183,6	76,616	**260,216**

7. ¿Para qué se sirve un sensor?

Un sensor es un aparato empleado para determinar un parámetro que puede ser de magnitud física o química, como por ejemplo la temperatura, la presión, el nivel de concentración de un gas, etc.

8. Indique si la siguiente afirmación es verdadera o falsa. En caso de ser falsa, modifíquela.

Si se mide la cantidad de horas de radiación solar real recibida en un mes en una zona concreta y se divide por las horas de radiación teórica, es decir, la cantidad máxima que habría alcanzado la superficie terrestre sin que se vea afectada por intervalos nubosos y demás agentes atmosféricos, se tendría el factor de insolación.

Verdadera.

9. Relacione:

a. Radiación directa.
b. Radiación difusa.
c. Radiación global.

__c.__ Actinógrafo.
__a.__ Pirheliómetro.
__b.__ Piranómetro bajo sombra.

10. ¿Qué se puede medir con una anemoveleta?

a. La temperatura y la humedad relativas de una zona.
b. La temperatura y la presión atmosférica.
c. La radiación solar directa y la difusa.
d. La velocidad y la dirección del viento.

11. ¿Qué diferencia existe entre un módulo fotovoltaico de silicio monocristalino y otro policristalino?

Las células de monocristalino poseen un solo cristal y las células de policristalino contienen varios cristales de silicio.

12. Complete la siguiente tabla.

Condiciones estándar de medida característica para módulos fotovoltaicos	
Irradiancia	**1.000 W/m³**
Distribución espectral	Masa atmosférica (AM) 1,5
Incidencia	**Normal**
Temperatura de la célula	25 °C

13. **¿Mediante qué fórmula se puede obtener el factor de forma de un módulo fotovoltaico?**

$$FF = Pmax / Voc \cdot Isc.$$

14. **Identifique los elementos de la siguiente imagen.**

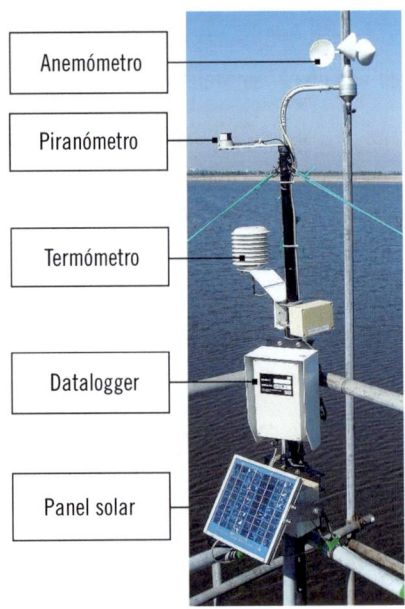

15. **¿Qué significa TONC y para qué sirve?**

Temperatura nominal de operación de la célula y sirve para conocer el comportamiento de un módulo fotovoltaico en cualquier condición de funcionamiento.

Solucionario 12

Necesidades energéticas y propuestas de instalaciones solares

Solucionario Capítulo 1

1. **La energía es:**

   a. La forma en que se manifiesta el trabajo mecánico.
   b. Lo que utilizan los mecanismos para moverse.
   c. La parte de la física que estudia el trabajo.
   d. La capacidad que tiene un cuerpo de realizar trabajo.

2. **El Sistema Internacional (SI) utiliza como unidad de energía el julio, que es:**

   a. Una unidad de fuerza superficial.
   b. Igual a un newton por un metro.
   c. Igual que el kilopondio, pero en otro sistema de medidas.
   d. Igual a una dina por cada metro cuadrado.

3. **La energía mecánica está compuesta por dos, que son la potencial...**

   a. ... y la dinámica.
   b. ... y la estática, que depende de la altitud respecto al nivel del mar.
   c. ... y la cinética de movimiento.
   d. ... y la teórica, en la que influye la gravedad (g).

4. **Realice un dibujo del átomo en el que aparezcan sus elementos y las polaridades.**

Constitución del átomo

Orbital

Electrón (−)

Núcleo

Protón (+)
Neutrón

5. **Relacione los tipos de energía y las aplicaciones finales de ellos. Enlace ambas columnas según corresponda.**

   1. Energía eléctrica.
   2. Energía mecánica.
   3. Energía química.
   4. Energía radiante electromagnética.
   5. Energía térmica.

   5. Radiador por convección.
   4. Iluminación.
   3. Motor de explosión.
   1. Televisión.
   2. Martillo.

6. **El rendimiento de una máquina relaciona el trabajo realizado y la energía suministrada, siendo:**

   a. Un valor necesario en el cálculo eléctrico.
   b. **Siempre su valor entre 0 y 1.**
   c. La característica fundamental para cuantificar la energía hidráulica.
   d. Mayor del 100 % en determinadas aplicaciones subatómicas.

7. **Complete.**

   El primer principio de la termodinámica dice que la **energía** ni se crea ni se destruye, solo se **transforma**. La cantidad de **calor** (Q) es la suma de la variación de energía más el **trabajo** (W).

8. **La potencia eléctrica es igual a...**

   a. **... la resistencia del circuito por el cuadrado de la intensidad.**
   b. ... el voltaje dividido entre la intensidad en amperios.
   c. ... la intensidad por el cuadrado de la tensión.
   d. ... la resistencia (R) por la intensidad (I).

9. **Las propiedades magnéticas permiten transformar la tensión y la intensidad de la corriente eléctrica. La intensidad en el devanado secundario I_2 es igual...**

    a. ... a la del primario, pero solo en CC.
    b. ... $(N_1 \cdot I_1) / N_2$.
    c. ... $N_2 / (I_1 + N_2)$.
    d. ... $(N_2 \cdot I_1) / N_1$.

10. **De las siguientes afirmaciones, indique cuál es verdadera o falsa.**

    a. Con el transformador se pueden variar los valores de tensión e intensidad de la corriente continua.

        ☐ Verdadero
        ☑ **Falso**

    b. La CA es la que cambia el valor de la tensión y su polaridad de positivo a negativo y de negativo a positivo de manera instantánea.

        ☑ **Verdadero**
        ☐ Falso

    c. 1 julio corresponde a 240 kilocalorías.

        ☐ Verdadero
        ☑ **Falso**

    d. En la ley de Ohm, el voltaje es igual a la resistencia por la intensidad.

        ☑ **Verdadero**
        ☐ Falso

    e. RITE son las siglas del Reglamento de Instalaciones Térmicas en los Edificios.

        ☑ **Verdadero**
        ☐ Falso

11. Para el aprovechamiento máximo de la energía solar en el hemisferio norte, la mejor orientación geográfica de los paneles será:

    a. ... el Norte.
    b. ... el Sur.
    c. ... el Este.
    d. ... el Oriente.

12. La latitud terrestre...

    a. ... puede ser norte o sur.
    b. ... es el ángulo de referencia entre el Ecuador y el paralelo norte de la Tierra.
    c. ... es un concepto antiguo, ya que ahora se utiliza la orientación cenital.
    d. ... puede ser este u oeste.

13. Un colector dejará de ser rentable cuando las pérdidas por sombra sean:

    a. Inferiores al 10 %.
    b. Del 15 %.
    c. Tales que los días de lluvia superen a los de buen tiempo.
    d. Superiores al 20 %.

14. A la vista del panel solar inclinado, la distancia p es igual a...

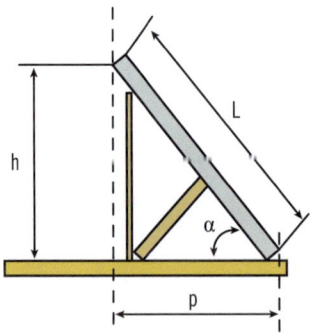

    a. ... L por la tangente de h.
    b. ... h por el seno de α.
    c. ... L por el coseno de α.
    d. ... L por h dividido por α.

15. La rentabilidad económica mide...

    a. ... el porcentaje de beneficios antes de impuestos.
    b. ... la cantidad de dinero a medio-largo plazo que se necesita invertir.
    c. ... el valor del activo.
    d. ... la tasa de devolución producida por un beneficio económico.

Solucionario Capítulo 2

1. **Los paneles, en las instalaciones de media temperatura, ...**

    a. ... se utilizan para concentrar las radiaciones solares en un punto.
    b. ... siempre están cubiertos por un cristal.
    c. **... pueden estar cubiertos por un plástico transparente.**
    d. ... se deben conectar en paralelo para obtener la mayor temperatura en el fluido caloportador.

2. **No es aplicación de aprovechamiento térmico de la energía solar...**

    a. ... el desalado de agua de mar.
    b. **... la célula fotovoltaica.**
    c. ... el ACS.
    d. ... la generación de electricidad de corriente alterna.

3. **Escriba la expresión que se utiliza para calcular la cantidad de calor (Q, en calorías) que llega a un punto de la superficie terrestre.**

$$Q = S \cdot t \cdot k$$

4. **¿Qué se utiliza en el captador solar plano para aprovechar las radiaciones solares?**

    a. **El efecto invernadero.**
    b. El fondo plano pintado de negro.
    c. El movimiento de seguimiento al Sol.
    d. La orientación sur geográfica.

5. **Realice un croquis-esquema en el que se indique el recorrido del fluido en una instalación de aprovechamiento de la energía solar para la generación de electricidad por captación en paneles cilíndrico-parabólicos.**

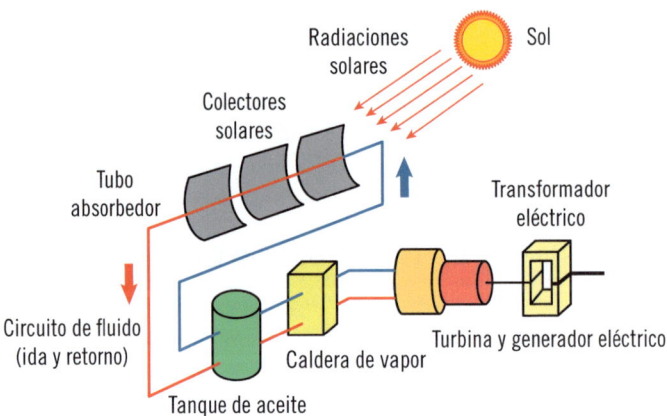

6. **Mediante la conexión de los colectores solares en serie se obtiene...**

    a. ... una mayor capacidad de captación de radiaciones solares.
    b. ... un fluido menos caliente al final del circuito primario.
    c. ... una pérdida de carga mayor en el fluido.
    d. ... una temperatura del fluido más elevada.

7. **La energía total (Et) es el resultado de sumar la energía captada (Ec) y la energía que se pierde (Ep), pero ¿cuál es la expresión que se utiliza para el cálculo del rendimiento η del panel?**

$$\eta = Ec \, / \, Et$$

8. **En la columna A se indican diferentes misiones de los elementos de una instalación de aprovechamiento de la energía solar y en la B algunos elementos de los que constan las instalaciones. Enlace ambas columnas según corresponda.**

    1. De control.
    2. De acumulación.

3. De captación.
4. De seguridad.
5. De distribución.

3. Colector solar.
5. Bomba hidráulica.
2. Intercambiador.
4. Purgador.
1. Caudalímetro.

9. El depósito de expansión se encarga de...

a. ... dar ligereza a la red de tuberías.
b. ... reducir la pérdida de carga.
c. ... reponer fluido caloportador al sistema.
d. ... absorber las presiones por la diferencia de volumen.

10. Enumere los tipos de válvulas que realizan el trabajo de regulación en las instalaciones de ACS, calefacción y climatización de piscinas.

1. De asiento o globo.
2. De husillo en "Y".
3. De aguja o punzón.
4. De diafragma.
5. De manguito elástico.

11. Complete los elementos principales de los que consta una bomba hidráulica de paletas.

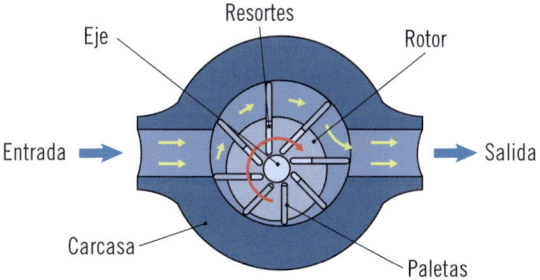

12. De las siguientes afirmaciones, indique cuál es verdadera o falsa.

    a. Se puede instalar la tubería de acero delante de la tubería de cobre en el sentido de circulación del agua.

        ☑ **Verdadero**
        ☐ Falso

    b. El purgador acumula el aire de la instalación cuando se produce una condensación de vapor de agua.

        ☐ Verdadero
        ☑ **Falso**

    c. La válvula antirretorno realiza la función de impedir que el fluido cambie de sentido de circulación por defectos en la instalación.

        ☑ **Verdadero**
        ☐ Falso

13. El Código Técnico de la Edificación (CTE), en el que se regula el aprovechamiento de la energía solar térmica, se aprobó mediante...

    a. ... la Ordenanza General del aprovechamiento solar en viviendas (13/2012).
    b. ... la Ley de Prevención de Riesgos Laborales.
    c. ... la Ley de Industria 2/2009.
    d. ... el Real Decreto 314/2006.

14. Se deben colocar sensores para el control de climatización de piscinas en...

    a. ... la salida del captador, la salida de la piscina y la bomba hidráulica.
    b. ... la entrada al captador, la salida del captador y el filtro.
    c. ... el interior de la piscina, la salida del filtro y los captadores.
    d. ... la entrada de la piscina y la bomba hidráulica.

15. Complete.

La instalación de calefacción está compuesta por tres partes que son la producción de **calor,** la distribución a través de las **tuberías** y el consumo proporcionado por los **radiadores** que disipan el calor del fluido cuando pasan a través de su estructura en forma de **serpentín.**

Solucionario Capítulo 3

1. **La climatización utiliza las leyes de la termodinámica para...**

   a. ... enfriar el ambiente de un local.
   b. ... ventilar el ambiente de un local.
   c. ... calentar o enfriar el ambiente de un local.
   d. ... enfriar y calentar el ambiente de un local.

2. **En refrigeración, el evaporador toma el calor del local porque...**

   a. ... se encuentra más frío que el ambiente.
   b. ... pasa a través de la válvula de expansión.
   c. ... está más caliente que el aire del local.
   d. ... en el cambio de fase se gana calor.

3. **Complete los recuadros A, B, C, D y E con los nombres de los elementos del compresor que se muestran en la imagen.**

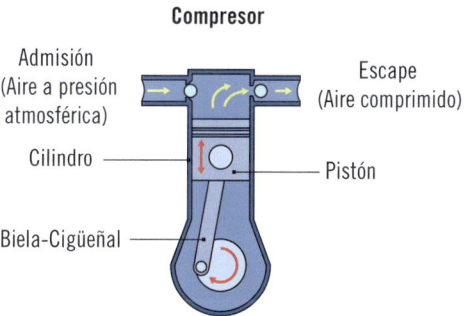

Compresor

Admisión (Aire a presión atmosférica)

Escape (Aire comprimido)

Cilindro

Pistón

Biela-Cigüeñal

4. **En la columna A se indican elementos que forman parte de la máquina refrigeradora y en la B acciones que realizan de ella. Enlace ambas columnas según corresponda.**

   1. Condensador.
   2. Válvula de expansión.
   3. Evaporador.

4. Compresor.

5. Fluido frigorígeno.

__3.__ Roba el calor.

__4.__ Calienta el gas.

__1.__ Cambia de fase de gas a líquido.

__5.__ Evoluciona, se enfría y se calienta.

__2.__ Reduce la velocidad.

5. **En la línea de expansión, el refrigerante baja su presión porque...**

    a. ... aumenta su temperatura.

    b. ... se acelera en el capilar.

    c. ... se calienta en la válvula.

    d. ... aumenta de volumen

6. **Expresados en el diagrama psicométrico, la entalpía (H) es la energía ganada o cedida por el aire del local y el calor latente...**

    a. ... es el que toma del local en la compresión.

    b. ... es el que utiliza para sufrir un cambio de fase.

    c. ... es el que se pierde en la válvula de expansión.

    d. ... baja la presión del fluido frigorígeno.

7. **Los antiguos modelos de muro/ventana para refrigeración...**

    a. ... se componen de dos partes separadas, el evaporador y el condensador.

    b. ... reúnen en un mismo equipo todos los elementos.

    c. ... se alimentan de la torre de refrigeración del edificio.

    d. ... necesitan agua para funcionar.

8. **Complete.**

En el sistema **directo** de climatización, el fluido está en **contacto** con el medio que se enfría o calienta, y en el sistema indirecto se hace circular el **fluido** por unos **intercambiadores** de calor desde donde se toma el frío o el calor hacia el local.

9. **Complete los recorridos de agua en el esquema de agua-aire a cuatro tubos con unidades inductoras de agua.**

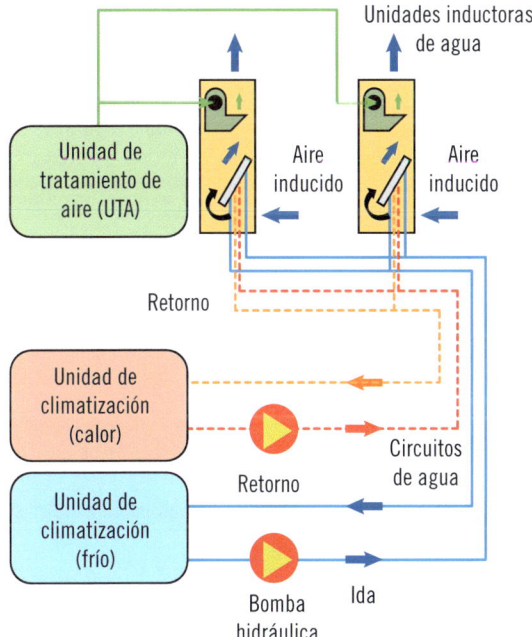

10. **La bomba de calor realiza el mismo ciclo que la máquina frigorífica gracias a...**

    a. ... que el condensador es de tubo inverso.

    b. ... que tiene una resistencia eléctrica.

    c. ... el calor se toma del local.

    d. ... que tiene una válvula inversora de cuatro vías.

11. **El agua pulverizada en finas gotas se enfría mediante un ventilador en...**

    a. ... el condensador de la bomba de calor.

    b. ... la torre de refrigeración.

    c. ... la refrigeración evaporativa.

    d. ... el ventiloconvector (fancoil).

12. De las siguientes afirmaciones, indique cuál es verdadera o falsa.

a. El sistema de refrigeración por absorción elimina el compresor del circuito.

☑ **Verdadero**
☐ Falso

b. En el generador se calienta la mezcla para evaporar el agua del sistema de adsorción.

☐ Verdadero
☑ **Falso**

c. El colector solar de canales de aire es el más recomendado para el proceso de refrigeración por desecación.

☑ **Verdadero**
☐ Falso

d. Las radiaciones solares quedan retenidas en el colector solar descubierto con canales de agua.

☐ Verdadero
☑ **Falso**

13. La absorción es un término volumétrico. La adsorción...

a. ... es un término lineal.
b. ... se utiliza para desecar el fluido frigorígeno.
c. ... utiliza las propiedades del cambio de fase.
d. ... es un término superficial.

14. Indique la expresión correcta que se utiliza para el cálculo del coeficiente de rendimiento de la bomba de calor.

a. COP = Qc / W = (Qf + W) / W.
b. COP = Qf / W.
c. COP = (Qf + Qc) / W.
d. COP = Qc + W = (W − Qf) / volumen.

15. Mediante el enfriamiento desecativo...

a. ... se consigue agua a baja temperatura.
b. ... se elimina parte de la humedad del aire.
c. ... se evita tener que utilizar el compresor de líquido-aire.
d. ... se elimina toda la humedad del aire.

Solucionario Capítulo 4

1. **El Ministerio de Ciencia y Tecnología estableció que deberían instalarse colectores solares hasta llegar a un...**

   a. **... 12 % de consumo de energía primaria para el año 2010.**
   b. ... 15 % de consumo de energía primaria para el año 2012.
   c. ... mínimo variable, dependiendo del tamaño de la población.
   d. ... 10 % de consumo de energía primaria para el año 2009.

2. **La Ley 31 de Prevención de Riesgos Laborales se aprobó un 8 de noviembre...**

   a. ... del año 1996.
   b. **... del año 1995.**
   c. ... del año 1994.
   d. ... del año 2000.

3. **Para que se produzca un AT deben aparecer tres factores, que son:**

   a. Factor de peligro, mala actuación y daño.
   b. Factor de riesgo, riesgo y rotura.
   c. Riesgo, mala utilización del EPI y consecuencia.
   d. **Factor de riesgo, peligro y pérdida.**

4. **Escribir la definición legal de accidente de trabajo que se indica en el artículo 115 de la Ley General de la Seguridad Social (LGSS).**

   "Toda lesión corporal que el trabajador sufra con ocasión o por consecuencia del trabajo que ejecute por cuenta ajena".

5. **Accidente de trabajo con baja se considera...**

   a. ... a partir de media jornada laboral.
   b. ... a partir de que lo diga el médico de la empresa.
   c. **... a partir de una jornada laboral.**
   d. ... a partir de que lo diga el médico de la Seguridad Social.

6. Complete el cuadro comparativo entre EP y AT donde se indican sus características.

Cuadro comparativo entre EP y AT		
Características	Enfermedad profesional	Accidente de trabajo
Comienzo	Lento	Brusco
Presentación	Esperada	Inesperada
Manifestación	Solapada	Violenta
Relación causal	Difícil de identificar	Fácil de identificar
Relación temporal	Antiguo o indeterminado	Inmediata

7. Todas las medidas de vigilancia y control de la salud de los trabajadores serán realizadas...

    a. ... por el médico de la empresa.
    b. ... por el médico de la mutua de AT.
    c. ... por personal sanitario con competencia técnica, formación y capacidad acreditada.
    d. ... por el médico de la Seguridad Social.

8. Una patología derivada de una carga de trabajo excesiva es:

    a. La fatiga.
    b. La enfermedad endémica.
    c. La artritis.
    d. La insatisfacción laboral.

9. De las siguientes afirmaciones, indique cuál es verdadera o falsa.

    a. Según la Ley de Prevención de Riesgos Laborales se deberán adoptar, de manera voluntaria, medidas de prevención y protección para la mejora de las condiciones de trabajo y salud.

        ☐ Verdadero
        ☑ **Falso**

   b. El INSHT se encarga del asesoramiento técnico a las empresas, realizando labores de formación e investigación.

     ☑ **Verdadero**
     ☐ Falso

   c. La inspección de trabajo no es la encargada de realizar la vigilancia y el cumplimiento de la normativa de prevención de riesgos laborales en las empresas.

     ☐ Verdadero
     ☑ **Falso**

10. El Reglamento (CE) n.º 1221/2009 del Parlamento Europeo y del Consejo de 25 de noviembre de medioambiente se conoce como...

   a. ... EMAS.
   b. ... EMAS II.
   c. ... EMAS III.
   d. ... EMAS IV.

11. El actual RITE y sus instrucciones técnicas se aprobaron mediante...

   a. ... el Real Decreto 1027/2007, de 20 de julio.
   b. ... el Decreto 2270/2010, de 10 de octubre.
   c. ... el Real Decreto Legislativo 2/2012, de 12 de febrero.
   d. ... la Ley 31/1996, de 8 de diciembre.

12. El Reglamento de Instalaciones Térmicas en los Edificios (RITE) desarrolla el artículo 15.2...

   a. ... de la Ley 31/1996 de Prevención de Riesgos Laborales.
   b. ... del Código Técnico de la Edificación.
   c. ... de la Norma Tecnológica de la Edificación.
   d. ... de la Constitución española.

13. **¿Cuál de las siguientes actividades no se debe tener en cuenta en la exigencia de eficiencia energética según el RITE?**

    a. Promoción.
    b. Diseño y ejecución.
    c. Mantenimiento y uso.
    d. Inspección.

14. **¿Qué será necesario redactar, según el RITE, cuando la potencia térmica nominal a instalar en generación de frío o calor sea mayor de 100 kW?**

    Un proyecto.

15. **Las operaciones básicas y los procedimientos para la estimación de las necesidades energéticas en cada caso se describen...**

    a. ... en las normas UNE.
    b. ... en los anexos del CTE.
    c. ... en las NTE.
    d. ... en las fichas de trabajo del INSS.

 **Solucionario Capítulo 5**

1. **Uno de los equipos de apoyo que se suma a la generación de electricidad a partir de células fotovoltaicas es:**

   a. El fotogenerador.
   b. El aerogenerador.
   c. La turbina de gas.
   d. El molino.

2. **Existen dos contadores eléctricos en algunas instalaciones de generación eléctrica: el de energía consumida...**

   a. ... y el de energía generada.
   b. ... y el de energía depositada.
   c. ... y el de energía vendida.
   d. ... y el de energía limpia.

3. **El Real Decreto 1578/2008, de 26 de septiembre, de retribución de la actividad de producción de energía eléctrica mediante tecnología solar fotovoltaica, realiza una distinción del tipo I por una potencia de...**

   a. ... 10 kW.
   b. ... 50 kW.
   c. ... 20 kW.
   d. ... 100.000 W.

4. **¿Qué tipo de corriente proporcionan las baterías en una instalación solar fotovoltaica?**

   Corriente continua (CC) → DC

5. El líquido de mantenimiento que se utiliza en las baterías eléctricas se denomina...

    a. ... sulfúrico.
    b. ... destilado.
    c. ... gel.
    d. ... electrolito.

6. Indique en el esquema de la instalación dónde se deben colocar los reguladores de corriente.

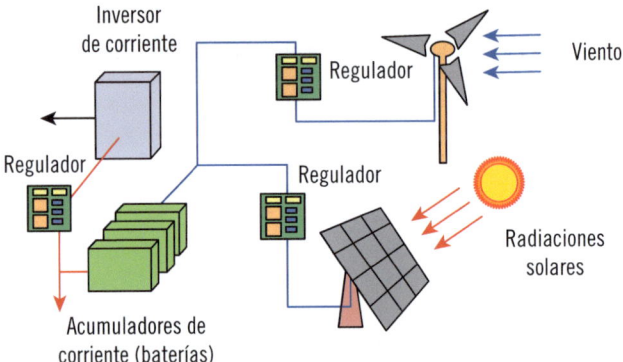

7. Cuando una persona toca las masas metálicas que no están convenientemente aisladas eléctricamente se trata de un contacto...

    a. ... directo.
    b. ... inducido.
    c. ... indirecto.
    d. ... positivo.

8. El Reglamento Electrotécnico para Baja Tensión (REBT) se aprobó mediante...

    a. ... la Ley 31/1995-ITC-BT.
    b. ... el Real Decreto 202/2010.
    c. ... el Real Decreto 842/2002.
    d. ... la Ordenanza General para instalaciones eléctricas.

9. **¿Cómo se denomina el elemento que realiza una comparación continua de las corrientes eléctricas entre la fase y el neutro? ¿Qué hace cuando actúa?**

El interruptor diferencial. Abre el circuito, cortando el paso de electricidad.

10. **Para conseguir el material semiconductor de tipo p (o positivo) se dopa el silicio (Si)...**

    a. **... con boro.**
    b. ... con fósforo.
    c. ... con calcio.
    d. ... con inoctinio.

11. **De las siguientes afirmaciones, indique cuál es verdadera o falsa.**

    a. Existen tres tipos de células fotovoltaicas que se distinguen por su proceso de fabricación: las de silicio monocristalino, bicristalino y amorfo.

        ☐ Verdadero
        ☑ **Falso**

    b. Cada una de las células debidas al efecto fotovoltaico permite la generación de aproximadamente 0,6 voltios.

        ☑ **Verdadero**
        ☐ Falso

    c. Las pruebas a las que se deben someter los paneles fotovoltaicos fabricados deben cumplir la norma UNE-EN IEC 61215-1-1:2022.

        ☑ **Verdadero**
        ☐ Falso

12. **¿Cuál es el grado de protección que se exige en la caja de conexiones para los paneles fotovoltaicos?**

    a. IP45.
    b. IP55.

    c. **IP65.**
    d. IP75.

13. Dentro de un panel fotovoltaico, ¿dónde se sitúa el material semiconductor de silicio tipo n?

    a. **Arriba.**
    b. Abajo.

14. Complete.

El diodo es un elemento que está formado por un **ánodo** (positivo) y un cátodo (negativo). No deja pasar la electricidad nada más que en una dirección (del **positivo** al **negativo**).

15. ¿Dónde se sitúan normalmente los diodos de bloqueo en un grupo de paneles solares fotovoltaicos?

En la caja de conexión exterior, al final de cada grupo de paneles solares fotovoltaicos.

Solucionario Capítulo 6

1. El factor que determina la inclinación correcta de los paneles fotovoltaicos será:

   a. La longitud terrestre donde se encuentre el campo FV.
   b. La forma de la cimentación.
   c. La latitud del lugar.
   d. El sistema de seguimiento.

2. En la columna A se indican tipos de cargas en una estructura arquitectónica o de ingeniería y en la B las denominaciones para los distintos tipos. Enlace ambas columnas según corresponda.

   1. Carga de viento.
   2. Peso propio de la estructura
   3. Peso de los elementos soportados.
   4. Peso de la nieve.

   <u>**3.**</u> Sobrecarga.
   <u>**1.**</u> Dinámica.
   <u>**4.**</u> Sobrecarga discontinua.
   <u>**2.**</u> Concarga.

3. Realice un cuadro en el que se indiquen las diferencias entre las estructuras de suportación de paneles FV en superficie o mástil en cuanto a cimentación, superficie, montaje, reformas, conexionado de paneles y orientación e inclinación.

	APOYO	APOYO TIPO MÁSTIL
CIMENTACIÓN	Son necesarios varios puntos de apoyo	Reducida en un punto
SUPERFICIE	Diseño modular para gran superficie	Superficie limitada en cada equipo
MONTAJE	Fácil, aunque largo	Montaje previo de paneles

Continúa en página siguiente >>

<< Viene de página anterior

	APOYO	APOYO TIPO MÁSTIL
REFORMAS	Considerable por aparición de sombras	Fácil modificación de la altura al ser un solo mástil
CONEXIONADO DE PANELES	Para los paneles inferiores puede ser incómodo por la dificultad de acceso	Fácil acceso a paneles superiores e inferiores
ORIENTACIÓN	Orientación e inclinación fijas	Variable. Posibilidad de mecanismos de seguimiento solar

4. El regulador en paralelo no corta el paso de la electricidad sino que...

    a. ... lo disipa en forma de calor en el generador FV.
    b. ... la deriva hacia el panel solar térmico.
    c. ... lo inyecta en la batería de acumulación.
    d. ... abre el circuito por el primer relé.

5. La tensión a partir de la cual la batería se conecta de nuevo, permitiendo el consumo en los aparatos eléctricos conectados, es:

    a. Tensión de rearme Vrc.
    b. Tensión de corte de sobredescarga Vsd.
    c. Tensión de rearme de descarga Vrd.
    d. Tensión de sobrecarga Vsc.

6. Realice un dibujo-esquema en el que se observen los dos tipos de conexión de los paneles FV, a red y aislada, los diferentes elementos quo lo oomponen y la situación del inversor.

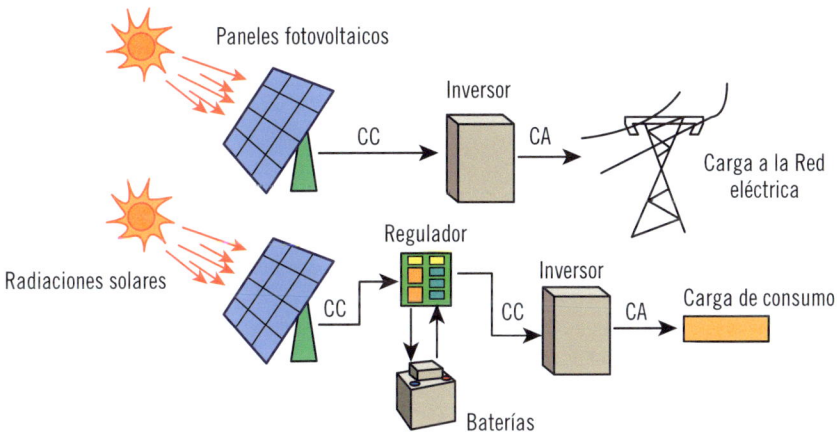

7. Las variaciones presentes en la onda sinusoidal de una señal eléctrica son:

    a. Las ondas cuasi cuadradas.
    b. Los armónicos.
    c. Las distorsiones inversoras.
    d. Los filtros de señal.

8. Un convertidor de corriente tiene la posibilidad de pasar de...

    a. ... CC a CC.
    b. ... CA a CC.
    c. ... CC a CA.
    d. ... CC a CC siempre a mayor tensión (V).

9. Para el método de control PWM, el inversor compara un tipo de onda sinusoidal con una de tipo...

    a. ... cosenoidal.
    b. ... parabólica.
    c. ... triangular.
    d. ... cuadrada.

10. **Escriba las expresiones físicas de los tres tipos de potencia eléctrica: aparente, activa y reactiva.**

Potencia aparente: $S = V \cdot I$.

Potencia activa: $P = V \cdot I \cdot \cos\varphi$.

Potencia reactiva: $Q = V \cdot I \cdot \sin\varphi$.

11. **¿Qué elemento adicional debe disponer una instalación autónoma de paneles FV previo al inversor de corriente?**

    a. **Un convertidor CC/CC.**
    b. Un convertidor CC/CA.
    c. Un convertidor CA/CC.
    d. Un circuito de protección formado por diodos de paso.

12. **Complete.**

La **caja** de conexiones de los paneles **fotovoltaicos** dispone dos bornes de conexión, uno positivo y otro negativo, en los que aparece en ocasiones un **diodo** de seguridad.

13. **De las siguientes afirmaciones, indique cuál es verdadera o falsa.**

    a. En las instalaciones FV de conexión a la red eléctrica, el interruptor diferencial se sitúa entre los paneles y el inversor de corriente.

        ☐ Verdadero
        ☑ **Falso**

    b. Las radiaciones solares son de tipo electromagnético.

        ☑ **Verdadero**
        ☐ Falso

c. El interruptor magnetotérmico realiza una apertura del circuito cuando detecta diferentes valores en la tensión del conductor de fase y el de neutro.

☐ Verdadero
☑ **Falso**

d. El fusible se destruye por el calor producido en el efecto Joule.

☑ **Verdadero**
☐ Falso

14. **Todas las especificaciones referidas a instalaciones interiores para baja tensión están recogidas en el REBT, aprobado mediante...**

a. **... el Real Decreto 842/2002, de 2 de agosto.**
b. ... el Real Decreto 2/2010, de 4 de julio.
c. ... la Ley 13/1995, de 8 de noviembre.
d. ... la Ordenanza General de la Seguridad Eléctrica - 2000, de 30 de octubre.

15. **En el Real Decreto 1578/2008, de 26 de septiembre, de retribución de la actividad de producción de energía eléctrica mediante tecnología solar fotovoltaica, se realiza una clasificación de tipologías. Un campo solar cuya situación está alejada del núcleo urbano de población corresponde...**

a. ... a la tipología I.1.
b. ... a la tipología I.2.
c. **... a la tipología II.**
d. ... a la tipología III.

Solucionario Capítulo 7

1. **En el cálculo de estructuras, la concarga es:**

   a. La sobrecarga de nieve.
   b. La acción dinámica del viento (en cualquier dirección).
   c. El peso de los paneles FV.
   d. El peso propio de los elementos sustentantes.

2. **El arnés se debe utilizar en los trabajos como protección frente a...**

   a. ... caídas al mismo nivel.
   b. ... caídas a distinto nivel.
   c. ... caídas al suelo desde el tejado.
   d. ...movimientos inesperados de la estructura soporte.

3. **En las baterías Pb-a, el electrolito que se encarga de disociar las diferentes cargas eléctricas está compuesto de una mezcla...**

   a. ... de óxido de plomo y ácido niqueloso.
   b. ... de gel de antimonio (Sb) y cal.
   c. ... de ácido sulfúrico y H_2O.
   d. ... de agua destilada y mercurio.

4. Complete el dibujo con indicación de los elementos de una batería acumuladora.

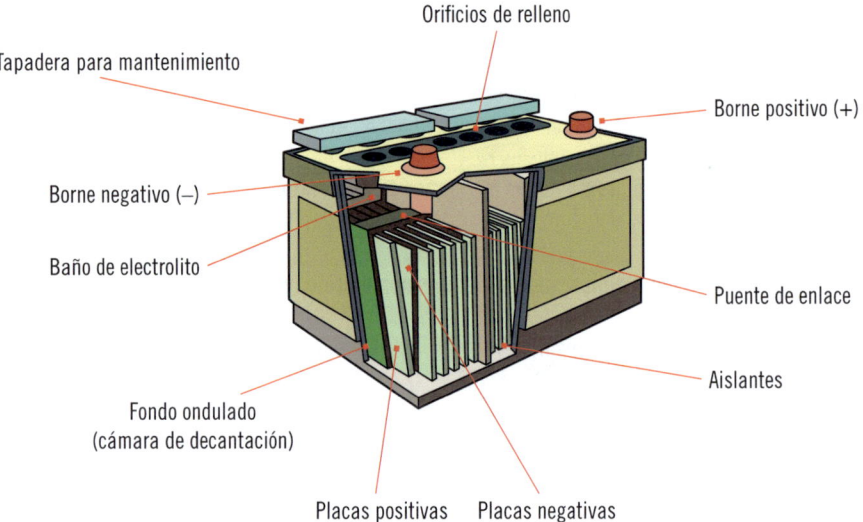

Orificios de relleno

Tapadera para mantenimiento

Borne positivo (+)

Borne negativo (−)

Baño de electrolito

Puente de enlace

Aislantes

Fondo ondulado
(cámara de decantación)

Placas positivas   Placas negativas

5. Complete:

En la **descarga** de la batería, el plomo de las placas negativas se **oxida** formando sulfato de plomo, reduciéndose también a sulfato el óxido de **plomo** de las placas positivas, intercambiándose **electrones** que se aprovechan en las aplicaciones eléctricas.

6. En la columna A se indican fases de carga de una instalación de acumuladores y en la B la característica más importante de ellas. Enlace ambas columnas según corresponda.

1. Recarga.
2. Carga inicial
3. Descarga.
4. Sobrecarga.

2. Aumento de la densidad del electrolito.
3. Transformación de elementos componentes.
4. Desprendimiento de gases.
1. Aumento del voltaje.

7. **El elemento que se encarga de compensar la carga de las baterías es:**

   a. El transistor semiconductor.
   b. La pinza de recarga.
   c. El regulador.
   d. El modulador de frecuencia.

8. **De las siguientes afirmaciones, indique cuál es verdadera o falsa.**

   a. Cuando la temperatura es elevada se produce un aumento de la capacidad.

      ☑ **Verdadero**
      ☐ Falso

   b. Cuando la temperatura es baja se genera una mayor viscosidad en el electrolito.

      ☑ **Verdadero**
      ☐ Falso

   c. Cuando la temperatura es muy baja se produce una reducción del voltaje.

      ☐ Verdadero
      ☑ **Falso**

   d. Cuando la temperatura es alta aumenta la duración de la vida útil.

      ☐ Verdadero
      ☑ **Falso**

9. **El reciclado de las baterías se debe realizar...**

   a. ... mediante el gestor medioambiental homologado.
   b. ... llevándolas a un punto limpio.
   c. ... disponiéndolas en el contenedor municipal de aparatos eléctricos y electrónicos.
   d. ... cumpliendo la Ley 7/2022, de 8 de abril, de residuos y suelos contaminados para una economía circular.

10. El inversor autónomo para instalaciones FV transforma la CC en CA habitualmente a...

    a. ... 220 voltios de tensión y a 60 hercios de frecuencia.
    b. ... 240 voltios de tensión y a 50 hercios de frecuencia.
    c. ... 230 voltios de tensión y a 50 hercios de frecuencia.
    d. ... 230 voltios de tensión y a 60 hercios de frecuencia.

11. El paso de la electricidad por los electrodomésticos que disponen de una bobina electromagnética produce...

    a. ... carga resistiva.
    b. ... carga capacitiva.
    c. ... carga electroactiva.
    d. ... carga inductiva.

12. Realice un croquis-esquema en el que aparezca cómo se conectan un pequeño equipo aerogenerador y un grupo electrógeno en una instalación autónoma de paneles fotovoltaicos, con indicación del tipo de electricidad que proporciona cada uno de ellos.

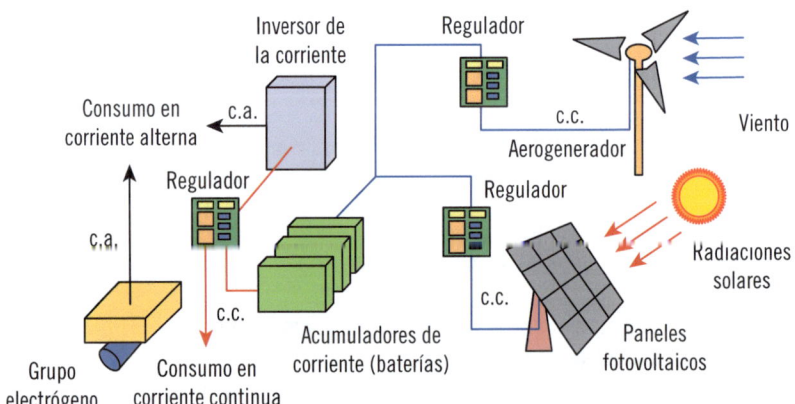

13. **¿Qué se produce en la combustión de la biomasa que se aprovecha posteriormente en el crecimiento de los bosques?**

    a. Dióxido de carbono.
    b. Ozono (O_3).
    c. Fotosíntesis.
    d. Humo con alto contenido en vapor de agua.

14. **¿Qué día del año es el óptimo, en el hemisferio norte, para la captación de los rayos solares?**

    a. El 21 de junio.
    b. El 22 de julio
    c. El equinoccio de verano.
    d. El solsticio de primavera.

15. **En el Real Decreto 1578/2008, de 26 de septiembre, de retribución de la actividad de producción de energía eléctrica mediante tecnología solar fotovoltaica, se definen dos subgrupos en la tipología I separados por una potencia de producción inferior o igual y superior a...**

    a. ... 15 kW.
    b. ... 1 mW (megavatio).
    c. ... 20 kW.
    d. ... 24 kW.

 Solucionario Capítulo 8

1. **Las mareas, cuya presencia se puede aprovechar como energía renovable, son debidas...**

   a. ... a cambios bruscos de temperatura en la superficie del mar.
   b. ... a la influencia de la Luna en la Tierra.
   c. ... a la influencia del Sol en la Tierra.
   d. ... al cambio climático por el efecto invernadero.

2. **En la columna A se indican elementos para generar energía y en la B las formas de captación de las energías renovables generadas por el Sol. Enlace ambas columnas según corresponda.**

   1. Biomasa.
   2. Central solar térmica.
   3. Células solares.
   4. Aerogeneradores.
   5. Sistemas arquitectónicos pasivos.

   4. Energía solar indirecta.
   5. Energía solar directa.
   2. Captación térmica.
   1. Captación fotoquímica.
   3. Captación fotónica.

3. **Combustibles fósiles que contaminan por la emisión de CO_2 son:**

   a. El petróleo y el carbón.
   b. El carbón y los derivados del petróleo.
   c. El alquitrán y el gas natural.
   d. El nitrógeno y la gasolina.

4. Complete.

El uso de la energía almacenada en la **biomasa** se renovará siempre que se replanten tantos **árboles** como los utilizados. De esta manera no se alterará la cantidad total de CO_2 que existe en la **atmósfera.**

5. El primer paso para conseguir la eficiencia y el ahorro energético es:

a. Apagar las luces y los electrodomésticos que no sean necesarios.
b. Aumentar la oferta energética que haga bajar los precios.
c. Comprar los electrodomésticos más caros.
d. El estudio minucioso de la oferta y la demanda.

6. Escriba algunos criterios a seguir para el ahorro energético.

I Reducir al mínimo necesario la energía primaria utilizada directamente, y la contenida en los materiales y los servicios empleados.
I Desplazar el consumo de fuentes no renovables hacia fuentes renovables.
I Reducir los impactos derivados del uso de la energía en el ámbito local e interurbano manteniendo la renovación de la fuente.
I Utilizar los combustibles fósiles solo en situaciones anormales o extremas.

7. La política europea establece que el consumo final de energía de aquí hasta el año 2030 es de ...

a. ... un porcentaje total del 20 %.
b. ... un porcentaje del 11,7 %.
c. ... un 15 %.
d. ... un 25 %.

8. La base habitual que se utiliza en los cálculos presupuestarios para proyectos de construcción e instalación se denomina...

a. ... presupuesto de estimación industrial.
b. ... cuantificación económica real.
c. ... presupuesto de ejecución material.
d. ... cálculo contable de inversión.

9. **¿Qué tres puntos son necesarios asegurar por medio de garantías para una instalación solar?**

   Funcionamiento en caso de accidentes laborales y con bajo rendimiento.

10. **¿Cuánto tiempo se estima que será la vida útil de una instalación solar?**

   Entre 25 y 35 años.

11. **De las siguientes afirmaciones, indique cuál es verdadera o falsa.**

   a. Las nuevas instalaciones industriales, los talleres y los edificios agrícolas no residenciales están incluidos el campo de aplicación de la Sección HE1-Limitación de demanda energética del CTE.

   ☐ Verdadero
   ☑ **Falso**

   b. No están incluidos en la misma sección HE1 del CTE los edificios utilizados como lugares de culto y para actividades religiosas.

   ☑ **Verdadero**
   ☐ Falso

   c. Dentro de la zona 5 del mapa de distribución de las radiaciones solares a lo largo del año, la contribución solar mínima para piscinas cubiertas será del 70 %.

   ☑ **Verdadero**
   ☐ Falso

12. **Las siglas que identifican al Instituto para la Diversificación y el Ahorro de Energía son:**

   a. ICO
   b. IAE
   c. IVI
   d. **IDAE**

13. Complete.

Las administraciones **autonómica** y local o municipal son las encargadas de desarrollar los programas de adaptación de las **directivas** establecidas primero por la UE y la aplicación de estas, que se encuentran recogidas en las leyes y los reales **decretos** que se realizan a nivel estatal.

14. ¿Cuál es el Real Decreto por el que se aprueba el procedimiento básico para la certificación de eficiencia energética de edificios de nueva planta?

    a. El 253/2012, de 4 de mayo.
    b. El 135/2011, de 25 de noviembre.
    c. El 390/2021, de 1 de junio.
    d. El 35/209, de 15 de enero.

15. ¿Qué es el ICO y para qué se utiliza en las instalaciones solares?

El Instituto de Crédito Oficial ayuda en la inversión inicial para la adquisición de equipos, el montaje y el mantenimiento de las instalaciones, aportando créditos a medio o bajo interés.